若田光一
日本人のリーダーシップ

ドキュメント 宇宙飛行士選抜試験II

小原健右　大鐘良一

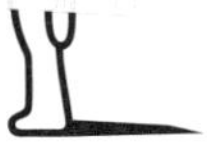

光文社新書

はじめに

２０１５年７月23日、カザフスタン・バイコヌール宇宙基地。ロシアの宇宙船「ソユーズ」に乗り組み、一人の日本人が宇宙へと旅立った。油井亀美也《ゆいきみや》、45歳。子供のころからの夢を追い続け、憧れの舞台「国際宇宙ステーション（ＩＳＳ）」に、ついに到達したのである。そして１４２日間の長期滞在をし、12月11日、無事に地球へ帰還した。

油井は私たち著者２人と浅からぬ縁がある。私たちは７年前、10年ぶりに行われた「宇宙飛行士選抜試験」に密着取材した番組『ＮＨＫスペシャル　宇宙飛行士はこうして生まれた～密着・最終選抜試験』（２００９年放送）を制作した。油井は、その最終選考に残った10人のうちの１人である。選考に当たったＪＡＸＡ＝宇宙航空研究開発機構の幹部たちは、「世界各国の宇宙飛行士のリーダーになれる人材」を求めていた。そして１０００人近くの受験者の中から最終的に選ばれたのが、航空自衛隊パイロットの油井ら３人であった。

「国際宇宙ステーション」は、宇宙開発超大国のアメリカやロシア、それにヨーロッパなどを代表する宇宙飛行士たちが集う場である。その中で日本人が存在感を示し、さらにリーダーシップを発揮するためには何が必要なのか。番組が終わった後も、この問いは私たちの心に留まり続けた。「このテーマを追求する新たな番組を作りたい」。私たちの思いは自然と一つになっていった。

そして2011年。待ち望んでいたニュースが飛び込んできた。

「日本人宇宙飛行士の若田光一さんが、日本人として初めて、国際宇宙ステーションのコマンダー＝船長に選ばれました」

このニュースに私は震えた。「宇宙飛行士選抜試験」のときから知りたいと思い続けてきた「日本人ならではのリーダーシップ」。この永遠のテーマに肉薄する、またとないチャンスになるかもしれなかったからだ。船長としての訓練に入る若田光一に密着したい。私の興奮はしばらく続いた。

かつて「宇宙飛行士選抜試験の候補者を募集」というニュースを目の当たりにしたとき、絶対に番組にしようと思い、共著者である小原健右とともに試験の一部始終を取材したが、私は今回も、当時ニューヨークで特派員をしていた小原に国際電話をかけた。

「若田さんがリーダーになっていく過程を番組にしないか？」

このときの小原の反応が今も忘れられない。「……はい。でもどれほど大変なことか、わかっていますか？」

かつて絶対不可能と思われていた「宇宙飛行士選抜試験」の密着取材に乗り出したときと似たデジャブのような感覚を、私たちは互いに1万キロを隔てて味わった。しかも、今回は宇宙開発の本場・NASAである。もし私に常識があれば、小原を誘う前に諦めていただろう。

しかし小原は無茶を承知で話に乗り、前回同様、必死の交渉で不可能を可能にした。もしかしたらそれは、イーロン・マスクなど世界の名だたるニューリーダーにインタビューしてきた記者の「知りたい！」という動物的ともいえる衝動が手繰り寄せた結果かもしれない。

私たちは、若田光一という日本を代表する宇宙飛行士について、東京とニューヨークの間の国際電話を介し、何度も話し合った。その中で明確になった問題意識は、若田光一が、もとは日本航空の整備士で普通のサラリーマンだったのに、なぜＩＳＳの船長にまで上り詰めることができたのか、というものだった。前回の選抜試験でリーダーになることを嘱望され、採用された油井は、Ｆ15戦闘機の編隊長を務めた航空自衛隊のエリートである。その油井と若田は、明らかに出自が異なっていた。

若田以前にISSの船長になったのは、のべ38人。そのほとんどがアメリカとロシアの宇宙飛行士で、軍出身だ。軍人ではない〝日本のサラリーマン〟が、各国のエリートを束ねられるようなリーダーシップを、いかに体得していくのか。トップの中のトップたりうるための条件とは何なのか。これらを明らかにするためにおよそ1年間、若田の活動を追い続け、制作した番組が『NHKスペシャル　日本人船長（コマンダー）宇宙へ』である。

その過程においてNASAでは、フライトを目前にした宇宙飛行士たちによる「緊急対処訓練」を取材した。若田をロシアやカザフスタンでの打ち上げまで追い、彼の言動をつぶさに記録した。そして番組の放送後も、地球に帰還した若田に単独インタビューを行い、船長として体験した数々のエピソードを聞くことができた。

いま日本では、「国際的に通用するグローバル人材の育成」が叫ばれている。私も含め、30～40代の親たちの多くは日本の将来を案じ、我が子を世界で通用する人間に育てたいと切に願っている。しかし、実際に身につけるべき能力とは一体、何なのだろうか。

私たちは、宇宙飛行士という職業を通じて、その問いへの答えの一つを提示したいと考えている。私たちの前作『ドキュメント　宇宙飛行士選抜試験』では、宇宙飛行士になるために必要な条件が、実は社会人なら誰もが求められる基本的な素養と同じものであることが明らかになった。今回もまた、「ＩＳＳの船長＝世界をまとめ上げるリーダー」たりうる資質が、いま国際社会で活躍するビジネスマンに必要なものと同じであることを、私たちは知った。

これまで〝リーダーシップをとるのが苦手だ〟と言われてきた日本人。しかし、若田が船長となるまでの過程を見てきた私たちは、「日本人ならではのリーダーシップ」なるものがあることに気がついた。本書はその発見を、私たちの着眼点からまとめたものだ。

若田は油井のように、「世界各国の宇宙飛行士のリーダー」になることを前提に採用されていたわけではなかった。それでも、日本人初の船長となった。そこには、日本人、さらにはサラリーマンならではの「リーダーへの道」があったと、私たちは考えている。

日本人船長、若田光一。

彼は何が評価され、世界を代表するリーダーに選ばれたのか。世界に通用する日本人とは、いかなる資質を持ち合わせた者なのか。そしてどうすれば、そのような人間になれるのか。

本書を通じて、世界を舞台に活躍するためのヒントを見出していただけたら幸いである。

ＮＨＫ報道局・社会番組部　大鐘良一

目次

第3章　## 緊急対処訓練

第4章　## 自分を客観視する力

第5章
「和」の調整力

第6章
試される日本人のリーダーシップ

第7章　次代の船長のために

第1章

日本人「船長」の誕生

日本の悲願

日本人宇宙飛行士の「エース」と呼ばれる、若田光一。

若田光一

その若田は２０１３年11月から翌年5月までのおよそ半年間、高度４００キロの宇宙空間を飛行する基地、「国際宇宙ステーション」に長期滞在した。日本人宇宙飛行士の中で最もベテランである若田にとり、通算4回目の宇宙飛行で、宇宙ステーションに長期滞在するのも2回目。しかし今回は、若田本人のみならず、日本にとっても特別な意味を持っていた。最後のおよそ2カ月間、若田は「船長（コマンダー）」を日本人として初めて務めたからだ。

国際宇宙ステーションは、英語で「International Space Station」と表記され、関係者の間では、もっぱら「ＩＳＳ《アイエスエス》」と頭文字のみで呼ばれる。日本をはじめ、アメリカやロシア、ヨーロッパそれにカナダの、世界15カ国が共同で運営している人類最大の宇宙基地である。縦72・8メートル、横１０８・５メートルと、サッカーのフィールドとほぼ同じ大きさで、このうち宇宙飛行士が普段着で生活できる居住空間は、ボーイング747型機＝ジャンボ機ほどの広さがあるという。中には常時、3人から6人の宇宙飛行士が滞在し、火星への移住など、人類の将来の宇宙進出を見据えた科学実験などを行う。たとえば、宇宙空間が人体にどのような影響を与えるのかを調べるため、実際の飛行士の体の変化をもとにデータを収集するなど、まさに体を張った実験が行われている。

国際宇宙ステーション（ISS）

若田は、そのISSのリーダーになったわけである。このことは、宇宙開発の世界では一つの「事件」だったと言っていい。というのも、若田が選ばれるまでISSにはのべ38人の船長がいたが、そのほとんどはアメリカとロシアの宇宙飛行士だった。ヨーロッパの船長さえもたったの1人で、アジアは皆無。人間を宇宙に送り込む活動、すなわち「有人宇宙開発」に、1980年代から本格的に取り組み始めた日本にとっては、まさに夢にまで見た悲願だった。1960年代に月に人類を送り込んだ宇宙大国アメリカ、そして有人宇宙開発のパイオニアともいえるロシアを、日本が率いる立場になるとは、誰も思いもしなかった。

「船長」は国力のアピール

「若田のように育ってくれる人間を採用したい」

7年前の、日本人宇宙飛行士の選抜試験を取材していたとき、当時のJAXAの採用責任者が繰り返していた言葉だ。この試験で次世代を担う新たな宇宙飛行士として選ばれたのが、航空自衛隊のテストパイロットの油井亀美也、全日本空輸のパイロットの大西卓哉《おおにしたくや》、海上自衛隊の医官だった金井宣茂《かないのりしげ》の3人である。このときの採用で掲げられた大きなテーマは、「国際宇宙ステーションの船長になれるような潜在能力を持つ人材」だった。しかし、これには裏のテーマがあり、それが前述の「若田のように育ってくれる人材」である。実は、すでにこの試験のときに若田が船長になることは一部の関係者の間で確実視されていたのである。

日本人が船長になる――。世間では誰も想像していなかった2009年ごろ、当時のJAXAの幹部たちは、船長ポストのチャンスを虎視眈々と狙い、NASAなどに働きかけていたという。日本から船長を出すということは、日本の宇宙開発のレベル、特に有人宇宙開発の技術レベルが世界のトップレベル入りしたことを、国内はもちろん、世界各国に最もわかりやすく宣伝できることを意味するからだ。

ＪＡＸＡが本格的に動き出すきっかけとなったのは、ヨーロッパの宇宙飛行士が、初めて船長に選ばれたことだった。それまでアメリカとロシアの宇宙飛行士しか船長になっていなかったが、いきなりベルギーの宇宙飛行士が船長に選ばれたのだ。それを目《ま》の当たりにした日本の幹部たちは、先を越されたことのショックを感じながらも、日本も船長ポストの獲得を主張する好機だと捉え、ＮＡＳＡやロシアに猛アタックしたという。

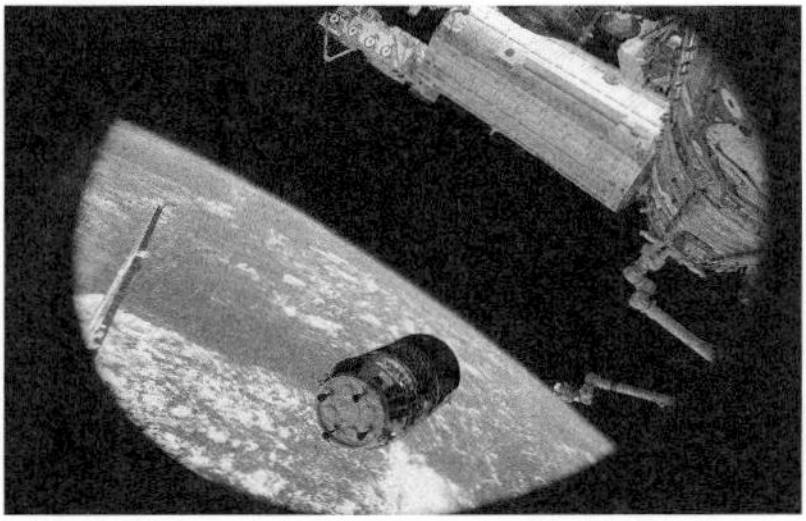
日本の実験棟「きぼう」（上）と無人補給船「こうのとり」

当時の幹部たちが強気になれたことには理由があった。日本は国際宇宙ステーション（ＩＳＳ）の建設と運営に、ヒト、モノ、カネで大きく貢献していたのだ。ＩＳＳは、アメリカやロシアなど各国がそれぞれ独自に開発した、空き缶のような直径約４メートルの円柱形の宇宙船をいくつもつなぎ合わせる形で成り立っている。

日本は、２００９年に実験棟「きぼう」を完成させ、ＩＳ

Sに遠隔操作で物資を運ぶ無人輸送船「こうのとり」の打ち上げにも成功。アメリカとロシアに次ぐ出資国でもあり、参加国としての責務をきっちり果たしていたのである。一方、ヨーロッパは、出資金の額で見ると、アメリカ、ロシア、日本に次ぐ4番手。次点のヨーロッパが船長を出せるのであれば、日本が船長を出せない道理はない。それが幹部たちの考えだった。

そして実際、JAXA幹部の主張にNASAもロシアも納得したという。では誰を（どの日本人宇宙飛行士を）船長にするか。肝心の人選で議論があった。当時を知るJAXA関係者によると、日本側としては複数の日本人の名前を出して、NASAとロシアの意見を求めたのである。

これに対しNASAとロシアは、日本側が候補として挙げた宇宙飛行士全員について、

「実績を見れば、いずれも船長になる資格がある」と評価したという。

その上で、

「この中で、若田であれば船長にしてもいい」

と、若田の名前だけを挙げて、日本人初の船長の可能性を示したという。

そして、2011年2月。

私たちが前作、『ドキュメント 宇宙飛行士選抜試験』を書き終えた一年後、若田が国際宇宙ステーションの船長に就任することが、正式に発表された。

決め手はパーソナリティ

NASAとロシアが、「日本人初の船長にしてもいい」と話したという若田。

一体、どんな宇宙飛行士なのか。

一言でいうと、日本の宇宙開発が誇るエリートだ。

1963年（昭和38年）8月1日生まれ。埼玉県大宮市（現さいたま市）で、建設省（現・国土交通省）に勤務する父・暢茂《のぶたか》と母・タカヨの長男として生まれた。地元の小中学校を卒業したあと、1983年、九州大学に進学。宇宙工学の博士号を取得して1989年、日本航空に入社。そして入社から3年後の1992年、JAXA（当時はNASDA）が行った日本人宇宙飛行士の一般募集に応募し、372人の受験者の中からただ1人、宇宙飛行士候補に選ばれた。

その若田は、採用から4年後の1996年、アメリカのスペースシャトル「エンデバー」で初の宇宙飛行を果たす。日本人宇宙飛行士の場合、当時は採用から最初の宇宙飛行をするまで、平均で7年以上かかっていた。それに比べれば、若田の4年は、群を抜いて早い。

その4年後の2000年、若田は2度目の宇宙へ飛び立つ。当時はまだ建設途中だった国際宇宙ステーションを、「ロボットアーム」と呼ばれる、全長15メートルの機械式アームを遠隔操作して組み立てる任務に当たった。

さらに9年後の2009年、若田は3度目の宇宙飛行をする。このとき、日本人として初めて宇宙に「長期滞在」をした。それまでの日本人の宇宙飛行は、スペースシャトルの中での滞在が中心で、最長でも3週間弱。これに対し若田は、ISSで4カ月半暮らし、アメリカやロシアの宇宙飛行士たちと連携して、ISSの建設を進めるとともに、長期間の宇宙滞在が日本人の体に与える影響を、身を挺《てい》して調べたのである。

そして2013年11月、4度目の宇宙へ。通算4回は、日本人として最多。さらにロボットアームの操作では、アメリカやロシアの宇宙飛行士を含めても世界トップレベルとされ、英語を使ったコミュニケーション力については、ネイティブレベルと言われるまでに成長した。まさに実力と経験を兼ね備えた存在で、日本人宇宙飛行士の中で群を抜いている。

NASAを取材していくと、船長になるためには、実は若田の積んできたような数々の経験は、最低条件だということがわかる。当たり前と言えば当たり前のことかもしれない。経験のない人間が、輝かしい実績を上げてきた者たちを率いるのは難しい。サラリーマンの世界がまさにそうだと感じるが、宇宙飛行士の世界も例外ではない。そして、それらの要素を前提にした上で、NASAがさらに重視したのは、若田の人柄の良さだったようだ。

「彼はいつも笑顔で、接しやすい。そして、常に物事を大きく捉え、その中で自分に何ができるのかを考えているので、変化に対して柔軟で懐が深い。その彼のパーソナリティ（性格、気質）は、船長にふさわしいと感じました」

そう話すのは、若田を船長に強く推薦したNASAの宇宙飛行士室の室長（当時）、ペギー・ウィットソン。自身も宇宙飛行士であり、女性として初めての国際宇宙ステーションの船長を務めた。ウィットソンは、若田の宇宙飛行士としての能力と実績はもちろん評価しながらも、若田のパーソナリティこそが、船長に推す決め手の一つになったと明かした。

実は能力に不足があった

私たちが、先の話をウィットソンから聞いたのは、若田が4度目の宇宙飛行をする前だった。アメリカ南部テキサス州にある「ジョンソン宇宙センター」を訪ねてインタビューし、ウィットソンはこのとき、若田の船長任命は、一つの「青田買い」に近い決断だったことを明かしてくれた。

「コウイチには船長として、まだ足りない点があります」

そうウィットソンは言うのである。では何が足りないのかを問いかけると、返ってきた答えは、「組織の中でのマネージメントの力」と、「宇宙における緊急事態でのリーダーシップ」の2つだった。これらの能力は、いずれも船長の任務を果たす上で欠かせないものだと言う。

ウィットソンは続ける。

「コウイチはこれまで3度の宇宙飛行を経験し、成功させてきました。周りの宇宙飛行士からもリスペクトされる実績の持ち主です。でも、実績だけで船長は務まりません。宇宙では、平常時においては、周囲の意見によく耳を傾け、みなが気持ちよく、全力で仕事に当たることができるような環境を整える必要があります。一方で緊急事態では、一つのミスが命取り。失敗を恐れずに即断即決し、みなを強引にでも引っ張っていくリーダーシップが必要になります。私自身が、船長になる前は欠けていた2つの要素です。私と同じようにコウイチもまた、それらを訓練して身につけなければならない」

ペギー・ウィットソン元NASA宇宙飛行士室長

すなわち若田は、船長になることが決まった時点で、船長として必要な能力をすべて兼ね備えていたわけではなかったというのである。実際、当時のＪＡＸＡ幹部によると、ウィットソンが指摘したように、ＮＡＳＡもロシアも若田には船長としてまだ足りない点があると考えていたという。それでもＮＡＳＡは、若田であれば、実際に船長として宇宙に旅立つまでに（このときから数えるとおよそ3年後の計算になるが）、必要な能力を身につけてくれるだろうと踏んでいたというのである。

若田の、「常に笑顔で、変化に柔軟で、自分に何ができるかをいつも考えている」前向きなパーソナリティ。

ウィットソンらはその人柄を一つの根拠として、若田を「青田買い」したというのが、実情だったようだ。

〝普通〟の船長

船長を任せられる宇宙飛行士としては、普通。

日本人宇宙飛行士としては、文句なしのエリートである若田も、ＮＡＳＡとロシア出身で船長を務めた他の宇宙飛行士に比べると、「上の下」か「中の上」という印象だ。

船長に選ばれるまでの飛行回数で言えば、さきほど登場した女性初の船長、ペギー・ウィットソン（1960年2月9日生まれ）の方が少ない（すなわちより早く船長に就任している）。

ウィットソンの初の宇宙飛行は2002年。このとき、ISSにおよそ半年間、長期滞在をしている。その5年後の2007年に2度目の長期滞在をし、当時47歳でISS初の女性船長に就任している。2度の宇宙飛行しかしていないのに、初飛行からわずか5年後の、しかも2度目の宇宙飛行で、いきなり船長になっているのである。

そのウィットソンは、仕事がとにかく手際よく、ISSの運用を地上から支援する管制官たちが、宇宙飛行士の平均的な処理能力を念頭に組んだ分刻みの業務スケジュールを、大きく前倒しして終えてしまうほどの高い能力を持つと言われている。NASAでは「ペギー係数(Peggy Factor)」という言葉まであり、ウィットソンが率いるチームは仕事が非常に早くなることから、関係者の間で使われるようになった造語である。高いマネージメント力と、強いリーダーシップを持つ宇宙飛行士が船長に就けば、チームの業務遂行能力が大きく上がることを示す好例でもある。

一方、ロシアにも超エリートの宇宙飛行士がいる。若田と一緒に宇宙飛行をしたこともある、ゲナディ・パダルカ（１９５８年6月21日生まれ）だ。１９９８年にロシアの宇宙船ソユーズで初めての宇宙飛行を経験したあと、２００４年、国際宇宙ステーションに初の長期滞在。その5年後の２００９年、3度目の宇宙飛行ではＩＳＳの船長として長期滞在。さらに、２０１２年に4度目、２０１５年には5度目の宇宙飛行をし、そのすべてで船長を務めている。

ゲナディは元々、ロシア空軍のテストパイロットだ。宇宙での滞在日数は８７８日と、世界の歴代1位にまで上り詰めた。

宇宙飛行士にとっては、宇宙に1度、行く機会を得るだけでも簡単なことではない。その中で彼は、計5度飛行し、そのすべての宇宙飛行で船長を任されている。リーダーシップとマネージメント力で抜群の評価を得ないと、実現しない経歴だといえる。

すなわち世界には〝超エリート〟がゴロゴロいる。

その中で比べると若田は、「普通に優秀な」宇宙飛行士だと見るのが、世界での正確な評価なのかもしれない。

技術者たちに圧倒的人気

そんな若田が、世界的に図抜けているのではないかと感じる点がある。

8年間の取材で感じることだが、地上で宇宙飛行士の支援に当たる人たちからの人気ぶりは、特筆すべきものがある。

私たちは過去に何度も、NASAのジョンソン宇宙センターを訪れたことがある。アメリカの宇宙開発の中でも、宇宙飛行士に関わる開発＝有人宇宙開発の拠点として知られる施設だ。かつて月に人類を送り込んだアポロ、ISSを建設したスペースシャトルなど、アメリカの歴代の宇宙船は、このジョンソン宇宙センターにある地上管制室と交信し、宇宙での任務に当たっていた。

人類史上最長の宇宙滞在記録を持つゲナディ・パダルカ

世界最大級の巨大なプールにISSの実物大の模型を沈め、無重力状態と感覚が似ているという「水中」で実際の宇宙服を着て「船外活動」、いわゆる宇宙遊泳の訓練ができるなど、宇宙飛行に必要な訓練がすべてできるよう、ヒト、モノ、設備がすべて整えられている。I

ＳＳに滞在することになる宇宙飛行士は、国籍を問わず、ここで訓練を数年単位で受けることからも、ジョンソン宇宙センターがいかに、世界の宇宙開発の重要な拠点であるかがわかる。

私たちはここでさまざまな宇宙開発関連の取材を通じ、ＮＡＳＡの職員、特に、宇宙飛行士の訓練に関わっている多くの技術者たちと話をする機会に恵まれた。その中では必ずと言っていいほど、日本人宇宙飛行士についての評判も話題になる。さまざまな立場からの見方や意見があり、有人宇宙開発にいかに多くの人が関わっているかということを、いつも気づかされる取材でもあった。

水中訓練施設での船外活動

このとき、いつ、誰に話を聞くかで、宇宙飛行士の評価はいい意味でも悪い意味でも変わっていくのが常だった。しかし、若田だけに限ると、この8年、評価は一定してすこぶる良いように思う。

その若田が船長に選ばれたことについても周囲に尋ねてみると、誰もがまるで自分のことのように喜んでいたことが印象的だった。

あるベテラン技術者は言う。

「彼はふさわしい人材だと前から思っていた。選ばれるのが遅いくらいだ」

さらに、他の〝エリート〟宇宙飛行士と比較して、若田をことさら応援する人もいる。

「優秀な宇宙飛行士の中には、こいつ何様だよ、と思う人もいる。でも若田は違う。彼はいつも一生懸命だ。彼みたいな宇宙飛行士にこそ、活躍してほしい」

有人宇宙開発は、組み体操の人間ピラミッドのようなものだ。てっぺんにいるのは宇宙飛行士だが、彼を支える技術者たちが数多《あまた》いる。現実には飛行士一人だけでは何もできないのが、有人宇宙開発である。仕事の負荷や重要性は、ピラミッドを構成する他の人たちも、宇宙飛行士のそれにまったく引けを取らない。だからこそ、全員がそれぞれの仕事をしっかり遂行することで、初めて宇宙飛行は成功するのである。

しかしそうはいっても、一番目立つのは頂上。技術面で何もトラブルが起きず、すべてが

NASAの仲間と写真を撮る若田

順調であったときはなおさら、皮肉にもピラミッドの下部を構成する人たちは見えなくなってしまう。「支える人たち」は、宇宙飛行士と対照的に日陰の存在なのである。そして宇宙飛行士は、この〝日陰〟の存在から不評を買うことも少なくないという。しかしその彼らと彼女らに、若田は非常に人気があると言われているのである。

一体、なぜなのか。

その一つの答えとして挙げられるのが、若田の経歴にあるのかもしれない。世界的に見れば、日本人である若田の〝エリートらしくない〟キャリアのあゆみ。それが人気の源泉だと言われてもいるのだ。

日本人の「職人気質」

『ＪＩＲＯ　ＤＲＥＡＭＳ　ＯＦ　ＳＵＳＨＩ』

という、アメリカのドキュメンタリー映画をご存じだろうか。

邦題は「二郎は鮨の夢を見る」。ミシュラン３つ星を獲得した、銀座の「すきやばし次郎」に密着取材したドキュメンタリーだ。

すきやばし次郎は、なぜここまで上り詰めることができたのか。初代店主の小野二郎氏とその息子の禎一氏の鮨にかける思いに迫り、日本の一流の「職人」は、いったいどんな姿勢で生き、仕事と向き合っているのかを解き明かそうと試みた佳作だ。

この映画を見た当時、ちょうど若田の取材をしていたが、彼がNASA、特にアメリカ人の間で人気がある理由の一端に気づかされた。

若田を評価するNASAの人たちは、どんな訓練であっても、彼が常に一生懸命に取り組んでくれることを何よりも絶賛していた。

宇宙飛行士が宇宙に行くためには、さまざまな訓練が必要となる。船外活動に慣れるための水中訓練、宇宙船「ソユーズ」の操縦訓練、ISSにある生命維持装置や実験装置の操作方法の訓練、そしてロシア人宇宙飛行士とやりとりできるようにするためのロシア語の訓練——。こうした、誰からもその意義が見て取れる訓練ばかりだと良いかもしれないが、無重力状態の中で故障したトイレをどう修理するかとか、フリーズしたパソコンを再起動するための操作方法、さらには実験装置が動かなくなったときの地道なトラブルシューティングの仕方など、一見、宇宙飛行とはあまり関係のないように思えて、さらに面白みに欠ける作業の訓練も少なくないという。

こうした訓練では、「問題にならない程度にこなそう」と考える宇宙飛行士も中にはいると聞く。地上の訓練チームに悪い印象を与えると評価に響くからで、優秀な宇宙飛行士ほどそつなくこなす。ただ、その訓練の指導役である地上の職員たちからすると、宇宙飛行士が手を抜いているかどうかはすぐにわかるという。

あるＮＡＳＡ職員が明かす。

「宇宙飛行をするためにはさまざまな訓練が必要ですが、中には、一見するとあまり本質的ではなくて、起きる可能性の極めて低いトラブルに向けた訓練を繰り返し行わなければならないケースもあります。でも地上の技術者からすれば、不測の事態に対応できるようになってもらおうと一生懸命考えて用意した、どれも意味があると信じている訓練です。その訓練を片手間でこなすぐらいならまだいいのですが、不満をあらわにして、こちらまで不愉快にさせる宇宙飛行士もいます」

その中で若田は、どんなにベテランになっても変わらないという。

「若田は、たとえ自分の宇宙飛行とは関係がなさそうな訓練で

宇宙では地味な作業も多い

あっても、真剣に取り組んでくれる。そして改善すべき点なども一緒に考えてくれる」

先に紹介したペギー・ウィットソンや、ゲナディ・パダルカのような超エリートとは異なる経歴の若田。そして日本人の場合、宇宙飛行を終えたあと、すぐに次の飛行が決まることは稀である。このため、いつ次の宇宙飛行に指名されるかをひたすら待ち続けながら、技能の維持のための訓練に励まなくてはならない時期も、若田は経験している。

だからこそ地上の技術者たちと接する機会が、他の超エリートの宇宙飛行士たちに比べると多かったのではないかと見る関係者もいる。その中で、若田の「どんな仕事にでも真剣に取り組み、そこから何かを学び取ろうとする」姿勢が生きたのではないかというのだ。

「意味のない訓練なんてありません。宇宙でいい仕事をするためには、どの訓練も重要です」

若田が以前、語った言葉だ。その言葉に込められた意味は、『JIRO DREAMS OF SUSHI』で、偉大な職人である父・二郎氏を超えようと、若田と同じ50代になっても精進を続ける禎一氏が語った考えと重なる。

「職人とは、同じことをやって、同じ結果を毎回、同じように出せる人のことを言うのです」

禎一氏とその弟子たちは、どんな仕事も一流の職人になるために不可欠だとして、何一つないがしろにせず真剣に取り組んでいた。

効率と合理性、さらには最短距離で出世し、自らの才能を開花させることを重視するアメリカ人からしてみれば、ともすれば無駄に見えるキャリアを「よし」とする日本人の考え方は、納得しがたいものだろう。しかし同時に、日本人のいわば「職人気質」は、一緒に仕事をする人にとっては、アメリカ人から見ても敬意に値するもののようだ。

若田が見せていたのは「職人気質」。日本人ならではの「まじめさ」が、彼の人気の源泉になったと、捉えるべきかもしれない。

一緒に宇宙へ行きたいと思える人柄

ＪＡＸＡ関係者によると、若田が宇宙飛行士の候補者に選ばれて、わずか４年で初の宇宙飛行ができたのは、「一本釣り」に近い、ＮＡＳＡからの指名があったことも大きいという。

指名をしたのは、スペースシャトルの船長を務めたＮＡＳＡのベテラン宇宙飛行士、ブライアン・ダフィー。シャトルの船長は、自分と一緒に宇宙へ行く乗組員を決める権限があると言われている。そしてこのときダフィーは、まだ初飛行も遂げていない若田を選んだ。

面白いのは、ダフィーの話した若田評と、ISSの船長に推薦したウィットソンの若田評が、ほぼ同じだということである。

「コウイチは明るくて向上心があるから、変化に柔軟です。一つ一つの訓練に真剣に取り組んでいて、着実に成長していた。彼となら、一緒に宇宙に行っても良いと思いました」

ダフィーの指名が、若田のキャリア形成に少なからず影響を与えたことは、2度目の飛行でより明確になる。再び船長を務めることになったダフィーが、また若田を宇宙へともに飛び立つ乗組員の一人として選んだからである。

日本人宇宙飛行士が宇宙へ行くためには、いくつかの条件がそろう必要がある。そのうち、本人の努力では何ともできない要素も数多くある。その中で最も大きいものは、日本の「積荷」が関わる飛行でなければならない、という点だ。

人間を一人、宇宙へ送り込むためには、最低でも20億円かかると言われている。ただスペースシャトルの場合、カネを払えばそれですぐに乗れるというわけではなかった。他にも搭乗機会を狙っている国や組織が数多くあるからである。日本が、最大で400億円を超えると言われた巨額の打ち上げ費用の一部を負担することに加え、日本の宇宙開発に関わる任務のあるフライトであることが最低条件とされていた。

「日本が開発した人工衛星を、スペースシャトルで打ち上げたり、地上に持ち帰ったりするため」

「日本が打ち上げた人工衛星や実験装置のメンテナンスと運用のため」

といった日本が関わる任務に応じて、JAXAや文部科学省などの外交努力により、日本人宇宙飛行士に飛行機会が与えられる仕組みになっていたのである。

複数の日本人宇宙飛行士がいる中、そう簡単には回ってこない宇宙飛行のチャンス。だからこそ、飛行士自らがフライトの機会をNASA側から手繰《たぐ》り寄せることができれば、大きな強みになる。

若田の場合、初回の宇宙飛行をはじめ、2回目、3回目、それに4回目と、いずれのときも程度の差はあるだろうが、NASA側の誰かの「一本釣り」に近い指名や「青田買い」があって、宇宙飛行が実現しているといえる。

日本の任務でなければならない、という要素との兼ね合いがあるとはいえ、「彼とだったら宇宙に行ってもいい」と、NASA側から声をかけられることは大きなアドバンテージである。

それは、どんなにキャリアを積んでも変わらない若田の人柄によるところが大きいことも、取材を通してわかってきた。

「この人になら、次のチャンスを与えてみたい」

周りに常にそう思わせてきた若田は、「人柄採用」のいわば「常連」だと指摘する声もある。

船長も完璧じゃない

宇宙飛行士＝完璧な人間。

というイメージが、一般になんとなくあるのではないだろうか。

まず学歴。一流大学の理系を出て、英語だけでなくロシア語も堪能。飛行機のパイロットの免許まで持っている。そして洗練された受け答え。誰と話しても人当たりがいい。さらに、話しかけやすい。一度でも宇宙飛行士と会って、直接やりとりした人はみな、ファンになるのではないかというくらい、魅力がある。

その魅力は、宇宙開発、特に有人宇宙開発に否定的な人の考えさえも変えるほどの力がある。

日本の宇宙開発の関係者には、大きく分けて2つの派閥がある。有人宇宙開発派と、無人宇宙開発派だ。前者は、「宇宙開発にはやはり人間＝宇宙飛行士が必要だ」という人たち。一方の後者は、「宇宙飛行士はカネの無駄遣い。カネが限られている日本は、有人宇宙開発はアメリカや他の国に任せて、『はやぶさ』など無人探査機中心の宇宙開発を進めるべきだ」という人たちだ。

後者のように否定的な人たちでも、本物の宇宙飛行士と会うと、その主張が軟化するのを、私たちは取材で何度か目撃した。「常に努力している人は美しい」というが、宇宙に行くために、日ごろから訓練に励んでいる宇宙飛行士は、40代、50代であっても、スタイルはシャープで表情も精悍だ。それなのに偉ぶる様子はなく、人当たりも良い。「対マスコミトレーニング」なる、ＮＡＳＡが宇宙飛行士を育成する一環として行っている表情の見せ方や話し方、さらには身のこなし方を洗練させるための訓練を通して鍛えられているというのもあるが、一言でいえば、人間としての魅力がある。

宇宙飛行士が日本に帰国すると、最優先で組まれるスケジュールがある。それは霞が関にいる政治家への訪問だ。中でも有人宇宙開発に否定的な政治家への訪問は必須で、時には何よりも最優先に、かつ、頻繁に行われるのは、この「宇宙飛行士」効果を最大限、生かそうとしてのことだ。

それほどの人間的な魅力ゆえか、「パーフェクトな人間」という印象をとかく持たれてしまうのが宇宙飛行士である。中でも若田は、NASAの関係者たちが評価したように、元々の人柄が良く、どんなにベテランになっても真摯な姿勢は変わらず、笑顔を絶やさずに親身になって話してくれることから、なおさらパーフェクトに見られがちである。

しかし、そんな若田でも、船長を務めることへの自負心を隠せなかったのか、私たちに対し、自らの緊張を見せたときがあった。

それは、2011年6月のこと。アメリカ南部テキサス州ヒューストン。ここにNASAの空港「エリントン・フィールド」がある。若田がISSの船長に選ばれたとの発表があってから4カ月後のことで、私たちは若田の船長に向けた訓練の取材を初めて特別に許された。

待つこと、15分。若田は車で現れた。宇宙飛行士のトレードマークともいえる「ブルースーツ」というつなぎ服を着て、自ら運転していた。私たちはカメラを回し始め、若田が車から出るところから撮影しようと、足早に近づいていった。

しかし若田の表情は、それまで見たことがない、厳しく険しいものだった。

「許可は取っているのですか？　ここでカメラを回すのは、やめてもらえますか？」

私たちにとっては、とげとげしい言い方に聞こえた。すでに数年にわたって取材し続けていたが、このときほど若田から不快と警戒心を感じ取ったことはなかった。

若田はそれまで、どんな取材の機会であっても、笑顔と余裕、それに気配りを絶やさなかった。こちらの都合で無理をさせていたとしても、明るい対応が変わることはなかった。それほど洗練された人物である。しかしそれだけに、若田がマスコミに、かくも厳しい表情を見せることがあるのかと、私たちは正直驚かされた。

そしてこの日、若田の表情が和らぐことは最後までなかったのである。

このとき、若田が以前の取材で話したことが思い起こされた。

「宇宙飛行士は、国の代表として宇宙に行かせていただいています。しかし、一つのミスが乗組員全員の命に関わる可能性があるのが宇宙です。何か決定的なミスをしてしまうのではないか。任務をこなせないのではないか。パーフェクトに任務をこなすということはあり得ない以上、そんな不安と緊張が私たちには常にあります」

日本人宇宙飛行士のエース、若田が、初めて感じさせた厳しさと険しさ。

その若田が背負う、船長という任務は、一体、どんな仕事なのか。そして、ウィットソンが指摘した、若田に足りない「組織の中でのマネージメントの力」と、「宇宙における緊急事態でのリーダーシップ」とは、具体的にどのような能力のことをいうのだろうか。

第2章
船長の仕事

不要論も叫ばれる現実

「国際宇宙ステーションなんているの？」

そんな意見も聞こえてくるほど、ここ数年の国際宇宙ステーション計画に対する風当たりは強い。ＩＳＳの開発、建設と運用には、日本だけでおよそ1兆円も使うことになっている。この金額は、20年以上前に計画が始まった当初決められたものだが、日本だけでもそんなにカネがかかる宇宙基地なんて、今の時代、本当に必要なのだろうか。宇宙大国のアメリカやロシアはいいとして、日本はいつまで運用を続けなければならないのか。今後、予算を減らすべきではないか。そんな「不要論」が、ずいぶんと勢いを増した。

背景には、２０１１年の東日本大震災による被害からの復興のための財源確保で、宇宙開発予算を減らさなければならなかったことがある。しかし、それだけが理由ではない。ＩＳＳ計画は、日本では年間４００億円（平成27年度は３３０億円）と、他の科学関連の予算と比べると大きな額を得ている。このことに以前から不満を持っていた関係者たちが、震災に伴う予算の見直しという機会を捉えて、思っていることをはっきりと主張するようになった、ということなのではないだろうか。

「宇宙でしかできない科学実験の場、と言うが、成果が出ていないではないか」不要論を展開する人たちの主張だが、ごもっともと言うべきかもしれない。

ＩＳＳで行われている科学実験で、たとえば、京都大学の山中伸弥教授のｉＰＳ細胞と並び称されるような、ノーベル賞級の画期的な研究成果は出ていない。

ＩＳＳの建設が始まったのは１９９９年だが、施設として完成したのは２０１１年。本格運用が始まってからは４年になる。ＮＡＳＡ、ロシア、日本、ヨーロッパなどが現在、各国の研究者たちから募った実験をいくつも進めているが、無重力状態での科学実験は簡単ではない。地上にいる科学者の代わりに、宇宙飛行士が課された実験を計画通り遂行するのが目下の目標で、基礎的な研究が中心だ。

一般に、ｉＰＳ細胞のような画期的な成果を出すには、同じ環境や条件下での何千から何万回という実験と、新たな気づきや発見につながるようなちょっとしたイレギュラー、たとえばトラブルが起きる必要があると言われている。これを一般に「セレンディピティ」というが、宇宙では今のところ、両方の条件とも実現することが難しい。

ＩＳＳで行われる実験が、私たちの暮らしを変えるような成果につながるまでには、宇宙での実験技術のさらなる発展と、その実験結果をもとに地上で数年単位の研究開発を行う必要があり、10年以上の時間がかかるのではないかという指摘もある。

誰もが納得するような画期的な成果を出すことができず、「いる、いらない」の議論の渦中にあるＩＳＳ。

そんな逆境の時代に、若田は船長を務めることになったのである。

宇宙はまだまだ謎だらけ

ＩＳＳの船長の最大の仕事は、仲間の命を守ること。

船長を経験した何人かの宇宙飛行士が、私たちに共通して語ったことだ。

しかしＩＳＳにいて命の危険にさらされることは、実際のところ、どのくらいあるのだろうか。

「今のＩＳＳで、宇宙飛行士が命を落とす可能性は極めて低い」というのが、ＮＡＳＡとＪＡＸＡの回答である。それもそのはず、ＩＳＳは、火災や有毒ガスの発生、それに空気漏れなど、宇宙で起こり得るさまざまな緊急事態を想定して設計・建造されている。運用に欠かせない装置は原則、２つ以上用意することで、たとえ１つが不具合を起こしても、もう１つで運用を続けられるようになっている。宇宙飛行士が命を落とすような事態を、なんとしても防ぐための仕組みが、構造上、幾重にも用意されているのである。

また地上には、ＩＳＳの設計や建造に関わった技術者たちが控えている。何か問題があったとき、ジョンソン宇宙センターの地上管制室などにすぐに駆け付けて、宇宙飛行士たちをサポートする体制が整っている。つまり宇宙飛行士たちにとっては、24時間３６５日稼働する最強のコールセンターがバックにいるような体制が築かれている。

ジョンソン宇宙センターにあるISS地上管制室

人類の60年以上におよぶ宇宙開発の歴史において、これまでアメリカとロシアなどで20人以上の宇宙飛行士が事故で命を落としている。そのときに得られた数々の教訓が、ＩＳＳの運用に生かされているのである。

とはいえ、何が起こるかわからないのが宇宙だ。宇宙を行き交う岩や石など（地球上に落下すると隕石と呼ばれる）がＩＳＳに直撃し、火災と空気漏れが同時に起きるかもしれない。原因不明の病気や症状が、突如として船内の乗組員を襲うかもしれない。

可能性を考えればキリがないが、こうした異常事態は「まっ

筋力維持のトレーニングに励む若田

たくあり得ない」と否定することはできない。専門家でさえも、宇宙で何が起こり得るのか、そこで人間が長く暮らすとどのような影響を受けるのか、それらの全容はまだわかっていない。

　だから、先のＮＡＳＡとＪＡＸＡの回答を正確に補足すれば、「人類が今、宇宙についてわかっている知識の限りでは、命を落とす可能性は極めて低い」ということになる。

　忘れてはならないのは、人体への中期的、長期的な影響だ。宇宙では、太陽などの星々が出す強い放射線が常に飛び交っている。地球にいると、それらの放射線は大気圏によって遮断されて地上に届かないが、宇宙だと人体を直撃する。その被ばく量は１日で０・５〜１ミリシーベルトと言われ、地上での年間の被ばく量とされる２・４ミリシーベルトをわずか３日ほどで浴びてしまう。

　アメリカとロシアだけでなく日本も、宇宙飛行士一人一人の被ばく量を常に計算している。

その数値に基づいて被ばく量が規定の値を超えないよう、宇宙飛行士の滞在日数を厳密に管理している。しかし既定の値を下回っていたとしても、絶対に安全というわけではない。宇宙放射線の人体への影響を、すべて解明できているわけではないからだ。

無重力状態が人体に与える影響も、まだ解明できていないことが多い。重力がないために筋力が弱り、さらに全身の骨からカルシウムが溶け出すことから、定期的に運動して筋肉や骨を刺激しなければ、骨粗鬆症の患者のように骨がもろくなることは広く知られている。

さらにここ数年、新たに浮き彫りになった課題として、無重力状態の影響なのか、脳の形が変形して眼球を圧迫し、遠視などの視力異常を引き起こすという事例も報告されている。地上では当たり前のようにある重力がほぼない、ということは、人間の体に予想外のさまざまな影響が及ぶということである。それらの事実がＩＳＳの運用を通して、あらためてわかってきているのだ。

ＳＦ映画や漫画、そしてアニメでは、宇宙はかつてより身近な場所として、どんどん描かれるようになっている。科学的、技術的な考証も緻密に行われていて、近い将来にも実現しそうな世界が表現されている。現実にＩＳＳという「宇宙基地」があって、何人もの宇宙飛行士が定期的に行き来しているのを見ると、宇宙はどこか前よりも手の届く場所になったよ

若田（左）、チューリン（中央）、マストラキオ（右）

うな気がしてくる。

ところが実際はそうではないのだ。一般の私たちの立場からしてみれば、宇宙はまだ身近ではない。いまだにわからないことだらけで命の危険が伴う場所だからこそ、万が一のときは命を失ってしまうことへの覚悟がある選ばれた人しか、宇宙に向かわせることはできない。

であるからこそ、その宇宙飛行士たちを束ねる存在である船長は、不測の事態が生じたときに先頭に立ち、仲間の命を守ることが、最大の任務になるのである。

若田が率いるメンバー

では若田は、どのようなメンバーを率いるのか。

13年11月から始まる自身4回目の宇宙飛行で、日本人初の船長として命を預かることになる乗組員たちを見てみよう。

従えるのは5人。アメリカ人2人とロシア人3人だ。40代と50代のベテランぞろいで、このうち3人は若田より年上。いずれも実力と実績がある。

1人目は、アメリカ人のリチャード・マストラキオ（当時53歳、1960年2月11日生まれ）。電気工学と物理学の修士号を持つ宇宙飛行士だ。スペースシャトルの地上管制官を務めたあと、1996年にNASAの宇宙飛行士候補に選ばれた。

その4年後の00年、初めてスペースシャトルに乗り組み、ISSに電源用のバッテリーなどを設置する作業に関わる。7年後の07年には、2度目の宇宙飛行を経験。今度は船外活動、いわゆる宇宙遊泳を行い、ISSの建設に当たった。このときの飛行で、マストラキオは船外活動を3度も担当。そのさらに3年後の2010年には、3度目の宇宙飛行を経験。2度目の宇宙飛行で「船外活動のスペシャリスト」としての実績を着実に積み上げた彼は、3度目の飛行では船外活動のリーダーとして、20時間に及ぶ宇宙空間での作業を成功させている。

若田と同じ、3度の宇宙飛行を経験しているベテランである。しかも若田は船外活動をしたことがないため、マストラキオの実績は光る。

2人目は、ロシア人のミハエル・チューリン（当時53歳、1960年3月2日生まれ）。1984年にモスクワ航空大学を卒業。専門は数理工学。卒業した大学は、「ミグ」をはじめ、旧ソ連を代表する戦闘機などを開発した研究者や技術者を輩出してきたロシア最高峰の航空宇宙工学の教育機関の一つだ。ロシアの航空宇宙メーカー「エネルギア」に技術者として勤めたあと、1993年に宇宙飛行士候補として選ばれ、01年に初飛行を、そして06年に2度目のフライトを実現している。

チューリンの宇宙飛行は計2回で、3回の若田より少ない。しかし宇宙で過ごした「滞在日数」を比較してみると、チューリンは340日なのに対し、若田は159日。チューリンの方が2倍以上の長期間にわたって宇宙滞在をしている。さらにチューリンは、3人乗りのロシアの宇宙船「ソユーズ」の船長も務めた。まさに経験と実績がモノをいう宇宙分野で、チューリンもまた、輝かしい経歴の持ち主であることがわかる。

船長は3カ月交代制

マストラキオとチューリンは、チーム「若田」に属する宇宙飛行士である。

つまり、この2人は、若田と一緒に宇宙に上がり、若田と一緒に地球に帰還する。若田をチームリーダーとして、3人一組で宇宙と地上を行き来することになっているのだ。

今、ISSに人間を運べる宇宙船は、ロシアの「ソユーズ」のみ。アメリカのスペースシャトルは7人以上が同時に乗り組めたが、2011年に引退してしまった。このためソユーズのみで人員を交代させているのが、今のＩＳＳである。ソユーズは３人乗りなので、一度に交代できる人員は３人。その３人はおよそ半年にわたって、一緒に宇宙で長期滞在することになる。

ＩＳＳには、３人一組のチームが２つ、ほぼ同時に滞在することになっている。合計６人が常時いる計算だ。それぞれのチームの滞在期間は、およそ半年と変わらないが、３カ月ごとに、新たなソユーズで新たなチームが到着する。その到着に合わせる形で、先に滞在していた１つのチームが地上へ戻る。すなわち、２つのチームの交代時期をずらしている。先に滞在していた２つのチームのうち、１つは残り、次のチームに業務の引き継ぎがしっかりできるよう、交代の周期が組まれているのである。

アルティミエフ（左）、スワンソン（中央）、スクボルソフ（右）

地上から新たなチームが来て帰還するチームとの交代が終わると、先に滞在していた残る方のチームのリーダーが、全体を指揮するいわゆる船長になる。

チーム「若田」の３カ月後にＩＳＳに到着し、若田の指揮下に入るのが、チーム「スワンソン」。アメリカ人宇宙飛行士のスティーブン・スワンソンが率いる、アメリカ人1人、ロシア人2人のチームだ。そしてこのチームも、経歴は輝かしい。

最強のライバル登場!?

まずは、ロシア人の2人の経歴。

1人目は、オレッグ・アルティミエフ（当時43歳、1970年12月28日生まれ）。90年、現在のエストニアにあるタリン工業大学で物理を学んだあと、旧ソ連の陸軍に入隊。98年、ロシアの航空宇宙メーカー「エネルギア」に技術者として就職、ISSの中でも、ロシアが担当した施設「ズヴェズダ」の開発に関わった。03年、宇宙飛行士に選ばれ、今回が初の宇宙飛行である。若田が率いることになる5人の中で、唯一の初飛行の宇宙飛行士だ。

2人目は、アレクサンダー・スクボルソフ（当時47歳、1966年5月6日生まれ）。旧ソ連時代から空軍パイロットを務め、ミグ23戦闘機とスホーイ27戦闘機を操縦。飛行時間は1000時間を超える。空軍では大佐にまで出世、軍に籍を残しながら97年、ROSCOSMOS（ロシア宇宙庁）の宇宙飛行士候補として選ばれた。2010年に初の宇宙飛行をし、このときはＩＳＳに約半年間、滞在。船長も務めた。１回目の宇宙飛行でいきなり船長を務めたロシア空軍のエリートであり、若田から見れば、船長の先輩である。

そしてこのチームのリーダー、スティーブン・スワンソン（当時53歳、１９６０年12月３日生まれ）。その経歴は興味深い。コロラド大学で物理工学を専攻したあと、フロリダ州にある別の大学に進学して、数理工学で修士号を取得。さらにテキサスＡ＆Ｍ大学で、計算機科学の博士号を取得した。その後、ＮＡＳＡにシステムエンジニアとして就職。スペースシャトルのフライトシミュレーターで使用されていた飛行プログラムの改良に携わった。そして98年、ＮＡＳＡの宇宙飛行士候補に選ばれる。その９年後の07年、初飛行を経験。さらに２年後の09年には、２度目の宇宙飛行をしていて、このとき船外活動を計12時間半行い、ＩＳＳの建設に当たっている。

若田の経歴と比べると、スワンソンは飛行回数が１回ほど少ない。さらにＩＳＳでの長期滞在の経験もない。にもかかわらず、今回初めてとなる長期滞在でいきなり船長に抜擢された。

宇宙飛行士に選ばれてから、初飛行をするまでの期間は９年と、意外と時間がかかったが、これは実力とあまり関係がなさそうだ。というのも、03年にスペースシャトル「コロンビ

2度の事故で14人が命を落としたスペースシャトル

ア」が空中分解する事故があった影響で、打ち上げの機会が遅れたと見るのが自然だからだ。この事故のあと、2003年から2005年まで、原因調査のため、事故で失われた「コロンビア」以外の3機のスペースシャトルの打ち上げがすべて中断されたのである。

スワンソンの経歴で特筆すべきなのは、初飛行からの実績の積み上げが、とにかく早いことだ。今回を含めると、わずか7年で3度の宇宙飛行をすることになる。NASAで非常に優秀な人材だと目されていたことは、想像に難くない。

そして若田と同じように、民間人の技術者出身。ともに50代前半、いうなれば日米のエリート2人である。

5人の経歴を目の当たりにし、若田を船長に推薦したウィットソンの言葉が思い起こされた。

「実績だけでは、船長になれない」

5人の経歴を知り、確かに、と納得させられた。

いわば良き中間管理職

エリートばかりの「部下」たち。

そんな彼らに対して、若田がまず求められる役回り。それは、本人の言葉を借りれば、「良い課長であること」だという。

「ＩＳＳの船長は、会社でたとえるならば係長か、課長でしょうか。良い中間管理職になって、宇宙にいるクルーたちと、地上の管制官をはじめとしたＩＳＳ計画に携わる各国の地上スタッフとの間を取り持つことだと思います」

宇宙は人間にとって、とても過酷な環境だ。

人類の英知を結集して建設されたＩＳＳ。船内では普段着で活動できるが、真空状態の外界と中を隔てるのは、金属製の壁だけ。穴でも開いて外に放り出されると、一瞬にして体内の血液が蒸発し、即死すると言われている。

生活に欠かせない水は、乗組員自身の尿などから再生して生成できるようになっているが、暮らしに必要な水をすべて自給自足することはできない。大人６人分の食料と合わせて、地上からロケットで定期的に届けてもらわなければ、そもそも生活を続けられない。

船内もジャンボ機並みの広さがあるとはいえ、基本的には閉鎖空間で逃げ場がない。自分以外の人間は、仕事仲間の5人の宇宙飛行士。国籍も文化も習慣も異なる。家族や友人との連絡はそう気軽にはできず、24時間、職場にいるのと同じ状況で半年を過ごす。

トイレに行くのにも一苦労だ。無重力状態ゆえ、地上なら出せば下に流れるところが宇宙ではそうはならない。掃除機のような吸引器具を急所回りに押し当てるなどして排泄しなければならない。「慣れればどうってことない」と多くの宇宙飛行士は言うが、慣れないうちは気軽にトイレにも行けないのが宇宙である。

逃げ場のない中での共同作業

そんな環境なので、たとえ宇宙飛行士であっても、孤独感や人間関係などによるストレスが重なり、精神的に追い込まれるケースがあるという。公式に残されている宇宙滞在の記録でも、アメリカ人とロシア人のクルーが不仲になり、結果的には信頼関係が破綻し、交代させないと国家的な任務が成立しなくなるような危機的状況にまで追い込まれたケースがあったという。それだけに、宇宙飛行士の精神面でのサポートもＩＳＳ運用の重要な業務である。

したがって宇宙飛行士たちは、宇宙でのあらゆる事態に耐えられるよう、準備に特化した集中的な訓練をフライトの１年半以上前から行っている。特に重視されるのは、一緒にソユーズに乗り組むチームメイトとの共同訓練だ。雪山に一緒に登山をして遭難したと想定し、数日間、限られた装備と食料で３人きりでサバイバルするなど、一見、宇宙飛行とは関係のないような訓練も行われるが、あくまでもその目的は、宇宙へ行く前に３人が互いのことをよく理解して信頼関係を築くことにある。

ISS 船長を務めたリロイ・チャオ

結局、宇宙での半年間に及ぶ生活で重要になるのは、円滑な人間関係、この一点に尽きるという。宇宙に行く全員がすでに、相応の経験と実績がある、宇宙飛行のプロである。素質と能力があって精神的にも安定していると評価されたからこそ、宇宙飛行士に選ばれている。そうしたプロ集団のリーダーである船長にとって、最も重要な心がけとは一体、何か。複数の船長経験者に同じ質問をしてみると、「仲間（部下）の言うことにしっかりと耳を傾け、チームにとって最もスムーズな仕事の進め方を見出すこと」と誰もが口をそろえて言うのである。

「船長がいくら優秀であっても、1人にできることはごくわずか。なぜならISSという巨大な船は、宇宙飛行士だけでなく、地上にいる大勢の管制官や技術者たちが動かしているからです。地上のスタッフの意見を聞き、その考えを知り、その一方で、ともにいる宇宙飛行士たちの意見も聞き、地上と宇宙、両者にとって最も良い道を見出して、課せられた任務を遂行していく。それが船長に求められる、第一のリーダーシップです」

そう語るのは、2004年から半年間、アジア系アメリカ人として初めてISSの船長を務めたリロイ・チャオ（当時53歳）だ。チャオは若田と一緒にスペースシャトルで宇宙へ行ったことが2度もあり、若田を親友と公言する。そのチャオによる船長の仕事の「定義」は、先に紹介したペギー・ウィットソンをはじめ、歴代の船長経験者と共通する。

「良い仲介者」

これを若田は、日本のメディアにわかりやすく、中間管理職とか、課長、係長などと表現していたことになる。

日々の業務の進行役

弾丸をはるかに上回る想像もつかない速度で、地球に向かって絶えず落下し続けている巨大な宇宙船。必要に応じて定期的にロケットエンジンを噴射し、落ちた分の高度を上げているため、まるでいつも同じところに浮き続けているかのように見える。それが、若田が船長として取り仕切るＩＳＳだ。

ＩＳＳがスタートしたのは１９８４年、米ソの冷戦時代。アメリカの当時のレーガン大統領が旧ソビエトへの対抗戦略として提唱し、日本を含む西側諸国に参加を呼びかけた。しかし、事実は小説より奇なり、である。１９９１年のソビエトの解体とともに冷戦構造が終焉。このためクリントン政権が計画を見直し、ＩＳＳにロシアを組み入れることを決め、以降は冷戦後の平和の象徴ともいえる計画として進められてきた。

ＩＳＳは、大きく分けてロシアが開発したエリアと、アメリカをはじめとした西側諸国（日本を含む）が開発したエリアの2つからなる。西側諸国のエリアは、アメリカ、日本、それにヨーロッパなどがそれぞれ独自に開発した、直径約4メートルの円筒形の宇宙船を互いにつなぎ合わせる形で構成されており、１９９９年から２０１０年ころにかけてアメリカの「スペースシャトル」やロシアの「ソユーズ」などのロケットで順次、打ち上げられて建設された。日本が開発を担った実験棟「きぼう」も、２００８年から２００９年にかけて主にスペースシャトルの３度の打ち上げで宇宙に運ばれ、日本人宇宙飛行士らによって建設されている。

ちなみにＩＳＳは、人類初の宇宙ステーションではない。過去にも旧ソビエトが建設した宇宙ステーションがあった。しかし今のＩＳＳほど大規模で、かつ、運営に参加する国が多いものは例がない。その参加国の多様さを象徴するように、ＩＳＳの運用を担う地上管制室は世界に4カ所ある。アメリカ、ロシア、日本、そしてドイツで、４つの管制室が連携して24時間、３６５日体制でＩＳＳの飛行を支えている。

そのＩＳＳは、秒速8キロ、時速に直すと2万８８００キロという、すさまじい速度で飛行している。音速は時速およそ１２００キロ前後と言われているので、その20倍以上の速度に当たる。しかも厳密には、ＩＳＳは「飛行」しているのではなく、地球の引力にひかれて「落下」し続けている。このため時折、エンジンをふかして、落ちてしまった分を取り戻すように高度を上げている。結果、平均で高度４００キロ前後の地球の周りを飛行し続けるように、常に軌道が維持されているのである。

外観で翼を広げているように見えるのが、太陽電池パネル。そのパネルの両翼をつなぎ合わせているのが、ＩＳＳのメインの骨格である。中には大型バッテリーや、冷却材を施設全体に行き渡らせるためのポンプなど、宇宙飛行士たちの暮らしに欠かせない機材が詰まっている。

この骨格と交差するように真ん中に位置するのが、居住空間だ。空き缶のような金属製の筒が数珠つなぎになっているが、これら一つ一つが、先述の各国が独自に開発した宇宙船で、「モジュール」と呼ばれる。このモジュールの中で、宇宙飛行士が普段着で暮らしているというわけだ。

そして、この巨大な宇宙船の運用が簡単ではない。時折、超速度で飛んでくる「宇宙ゴミ」に常に気をつけなければならず、もし、その宇宙ゴミとＩＳＳが衝突する危険性があれば、回避するためにエンジンを吹かさなければならない。

ただ、実際に船の航行そのものを担うのは、地上の管制官（フライトディレクター）や技術者である。宇宙飛行士たちがＩＳＳの操縦に直接、関わることは実はほとんどなく、船内外での維持管理や修理活動、そしてＩＳＳの本来の目的、すなわち、宇宙でしかできない科学実験などを行うことが基本的な仕事になる。

それだけに、ISSの運営について宇宙飛行士たちが単独で決められることはあまり多くない。すべて地上との連携で日々の任務が決められ、そのスケジュールは分刻み。6人それぞれに業務が割り振られており、共同作業が必要なものを除いて1人で取り組む仕事も少なくない。したがって、誰かが科学実験を黙々と行っているときに、別の者は無重力の環境で衰えていく筋力などを維持するため、マシンを使った筋トレやランニングを課せられていることもある。

船長は、そんな分刻みのスケジュールの中で暮らす同僚たちの体調や精神状態に日頃から目を配り、業務の進み具合を常に把握しておかなければならない。知らず知らずのうちにオーバーワークになっているケースもあり得るからだ。実際に問題を抱える本人が言い出しにくいということもあるだろう。こうしたときに、乗組員の思いをくみ取って代わりに地上に伝え、スケジュールを見直させるのが船長なのだ。

2カ月から半年という長いスパンを考慮し、いつ、どの程度の仕事を、誰にさせるべきかを正確に把握する。もし問題や懸念があれば、説得力をもって地上の関係各署と調整する。そして、業務進捗の具合を調整し、同僚たちのストレスを最小限にとどめ、各々の任務を滞りなく遂行させる——。それこそが、船長の役目なのだ。

このように書くと、まさに企業の中間管理職という言葉がしっくりくるように思える。若田の言う通り、サラリーマン課長と共通しているところが実に多い。

船長へのステップとなる部門

サラリーマンの場合、中間管理職に昇進すると、仕事の内容はかなり変わる。

それまでは1人のプレイヤーで、自分のパフォーマンスを上げることが最優先で良かったところを、中間管理職になれば、上の人と若手の間をつなぐ良き仲介者になることが求められる。そして、自らが所属する「係」や「課」のパフォーマンスを上げることが第一目標だ。さらに後進の育成という新たな使命も担うことになり、部下を一人一人評価し、パーソナリティに合った指導を求められることになる。

宇宙飛行士としては世界が認める「プレイヤー」だった若田も、船長への昇進で変化が求められることになった。そして彼の場合、船長になる前に訓練の機会がNASAからも与えられたという。NASAにある「宇宙飛行士室」という部署の「ISS部門長」の役職を、1年半余り務めたのである。この役職に日本人宇宙飛行士が就任するのは初めてであった。

当時の宇宙飛行士室のトップだったペギー・ウィットソンによると、若田を船長にするための育成の一環として任命したという。ちなみに彼女自身も過去に務めた経験があり、NASAの中でかなり重要なポジションであると言える。

部門長の日々の仕事は、ISSへ送り込む宇宙飛行士にどんな訓練をいつさせるのか、その計画を策定することだ。このためアメリカ、ロシア、日本、ヨーロッパ、そしてカナダの各宇宙機関と連携して調整することが主な業務となる。驚くのは、部門に所属するNASAの宇宙飛行士や職員の人事考課も担うことである。すなわち日本人の宇宙飛行士が、ISS計画に参加するアメリカ、ヨーロッパ、カナダ、それに日本の宇宙飛行士ら、あわせておよそ50人を「上司」の立場から評価しなければならないわけだ。若田自身も、「これは大変でしたよ」と振り返っていた。

「本人と面接をすると、いい評価を与えたつもりなのに、どうして自分はこの評価なんだと強く出てくる。特にアメリカは自己主張をするのが当たり前の文化で、少しでも評価を良くしようと真剣勝負で来る。特にそれをしっかり受け止め、時には相手の主張を否定しながらも、最後は納得させる力が必要でした」

このISS部門長を務めたことで、若田は、「宇宙飛行士たちをどう訓練し、育成するのがベストか」という視点から、ISSの運用全体を突き詰めて考えられるようになったという。若田が務めていた間、効率化のため必要ないと判断した訓練を削ったこともあり、このときすでに、船長に必要な「全体を見渡す力」を鍛え、身につけていたことになる。

また、訓練の計画を変えるというプロセスそのものは、参加各国の宇宙機関との度重なる折衝を発生させる。結果的に若田は各国に顔を広げられ、文化の異なる人たちのメンタリティをより深く理解し、それに対応する術《すべ》を洗練させられたといえる。

私たちが制作したドキュメンタリー番組『日本人船長（コマンダー）宇宙へ』では、この部門長について一切、触れることができていない。ずいぶん若田には「非常に重要な勉強の機会で、得難い経験をした」と何度も強調されたが、映像化しにくいという理由で番組に組み入れることを断念した。しかし、いわば国際社会における中間管理職を若田が務めた機会は、ＮＡＳＡが計画的に準備した重要なステップであり、まさに「船長への道」だったのだ。

ウィットソンは言う。

「部門長という仕事は、いろいろな人や組織の間で板ばさみになります。それをどう解決するのかが問われるのです。若田に部門長を経験させたのは、まさに船長になるためのステップとしてでした。日本人が務めた前例はありませんでしたが、若田であれば務められると判断しました。そして彼は実際に任務をうまくこなし、期待通りに成長してくれた」

若田の育成は、長期的視点に立って行われていたのだ。

〝軍人〟パイロットにはかなわない

船長として育てられていった若田。

その若田と、7年前の宇宙飛行士選抜試験で選ばれた油井亀美也との最大の違いは何か。宇宙に飛び立つまでに、命の危険にさらされるような事態をどれほど経験してきたか。この一点に集約できるのではないかと私たちは考える。

若田の出身は、日本航空の整備士。一方の油井は、航空自衛隊の戦闘機パイロット。

油井はF15戦闘機に乗り組み、日の丸を背負って、いつ来るともしれない異常事態に備えるため、日夜訓練に取り組んできた。一つ操作を誤れば命に関わるような任務である。さらに隊長も務め、リーダーとしてまさに部下の命を預かる立場にあった。またテストパイロットとして、時には安全性の実績がまだ十分でない文字通りの試験機にも率先して搭乗した。

このように油井は、自他双方の命の重さに日々触れてきたのである。

宇宙飛行士選抜試験で、「世界の宇宙飛行士を率いるリーダーになれる人物」を求めていた、ＪＡＸＡの幹部たち。一体、どんな能力をあらかじめ備えているべきなのか？　彼らが導き出した答えは、日本のエース・若田にもない、ある資質。「緊急事態に対処する力」だった。そして油井のように航空自衛隊の戦闘機パイロットであれば、異常事態に対処する力がすでに職業人として備わっている。加えて、航空自衛隊の中でもエリートとなれば、なおさらだ。

自衛隊パイロットだった油井亀美也（いちばん右）

船長にとって「良い中間管理職」であるという条件とともに、緊急対処能力は不可欠とされる資質である。宇宙飛行士に採用されたあと、緊急対処能力を鍛える訓練はある。しかし、油井のような〝軍〟出身のパイロットの緊急対処能力には、簡単には追いつくことができないというのが、各国の宇宙飛行士、中でも医師や技術者出身の人たちが口をそろえて言うことである。

実際、若田の場合も、緊急対処能力を鍛えるための訓練が、船長として宇宙へ上がる前に、重点的に行われていたという。

そして、並々ならぬ努力の結果、若田は世界的にも認められるほどの能力を身につけていく。若田が今の高みに至るまでの過程を垣間見ることができた私たちは、日本のエースが苦悩し、試行錯誤する姿を目の当たりにした。それは私たちが今まで見たことのない姿で、大きな驚きであるとともに、新たな発見でもあった。

なぜJAXAは、先の宇宙飛行士選抜試験で、多くの才能ある若者たちの中から油井、そして大西卓哉という2人のパイロットを選んだのか。

緊急対処訓練に励む若田の姿を通して、私たちは、その狙いの核心をあらためて学ばされることになった。

第3章

緊急対処訓練

理想の船長が描かれた映画

「『ゼロ・グラビティ』、見ました?」

「見ましたよ。実際の宇宙ではあり得ないことばかりで、突っ込みを入れながら見ていました」

「そうですよね。でも、エンターテインメントとしては面白かったなぁ」

「それは同感です」

ある宇宙分野の学会で行われた有人宇宙開発の未来についてのパネルディスカッションの前に、登壇者たちが集まった控え室で交わされた会話である。JAXAをはじめ、NASA、ESA(欧州宇宙機関)の各機関の代表、日本を代表する航空宇宙機器メーカーの幹部、日本の宇宙政策の立案に関わる専門家、さらにはISSに滞在した日本人宇宙飛行士と、そうそうたるメンツが集まった場であった。そこで『ゼロ・グラビティ』という、宇宙飛行を題材にした映画に話題が及び、盛り上がったのである。

『ゼロ・グラビティ』は、2013年のハリウッド映画だ。架空の宇宙ステーションで船外活動をしていた宇宙飛行士が、突然、無数の宇宙ゴミに襲われ、帰る場所である宇宙ステーションと、地球に帰還するためのスペースシャトルを、ともに一瞬にして失ってしまう。酸素も残り少なく、絶望的な状況でパニックになる中、主人公の女性飛行士（サンドラ・ブロック）は、船長であるベテラン宇宙飛行士の的確なアドバイスを唯一のよりどころに緊急対処に当たり、無事、地球への帰還に成功するまでをサスペンスタッチで描いた良作だ。

この作品で描かれたジョージ・クルーニー演じるベテラン宇宙飛行士の姿が、まさに理想の船長である。

どんなに絶望的な状況でも常に冷静で、決してあきらめない。混乱に陥る部下を気遣い、時には叱咤激励し、状況に応じて的確な判断を次々と下していく。そして必要となれば自らの命を賭して、仲間を助ける。

退役したはずのスペースシャトルが飛んでいたり、巨大な中国の宇宙ステーションがあったりと、現実にはそぐわない設定があるのはハリウッド映画らしい。しかし、ベテラン飛行士を通じて、船長の理想像が描かれていたことは、多くの関係者も認めるところである。

まるで街のような宇宙センター

2013年7月10日。

私たちはアメリカ南部テキサス州のヒューストンに降り立った。ＮＡＳＡのジョンソン宇宙センターで行われる、若田の「緊急対処訓練（Emergency Situation Training）」を取材するためだった。

ジョンソン宇宙センターの由来は、リンドン・Ｂ・ジョンソン大統領にちなんでつけられた。ジョンソンは月面着陸を目指すアポロ計画を提唱したジョン・Ｆ・ケネディ政権の副大統領で、ケネディ大統領の暗殺後、大統領に就任。ケネディの遺志をついで宇宙開発を推し進め、人類の月面着陸に尽力した。宇宙センターの敷地面積は６・５平方キロメートル、大小２００以上の建物が立ち並び、１つの小さな街がすっぽり入るような広大な施設である。

空港からセンターまでは、およそ1時間。片道4車線以上のどこまでもまっすぐな高速道路をひたすら走り続ける。そして車窓から見える風景は、まさにアメリカ。ただ平らな大地が延々と続く。

驚くのは、多くの建物の上に大きなアメリカ国旗が掲げられていることだ。時速１００キロで移動しているにもかかわらず、たなびく星条旗がいくつも目に入ってくる。

自国への誇り。

世界のどの国よりも強く優れているという、揺るぎない自負心の象徴だろうか。

ISSモジュール図

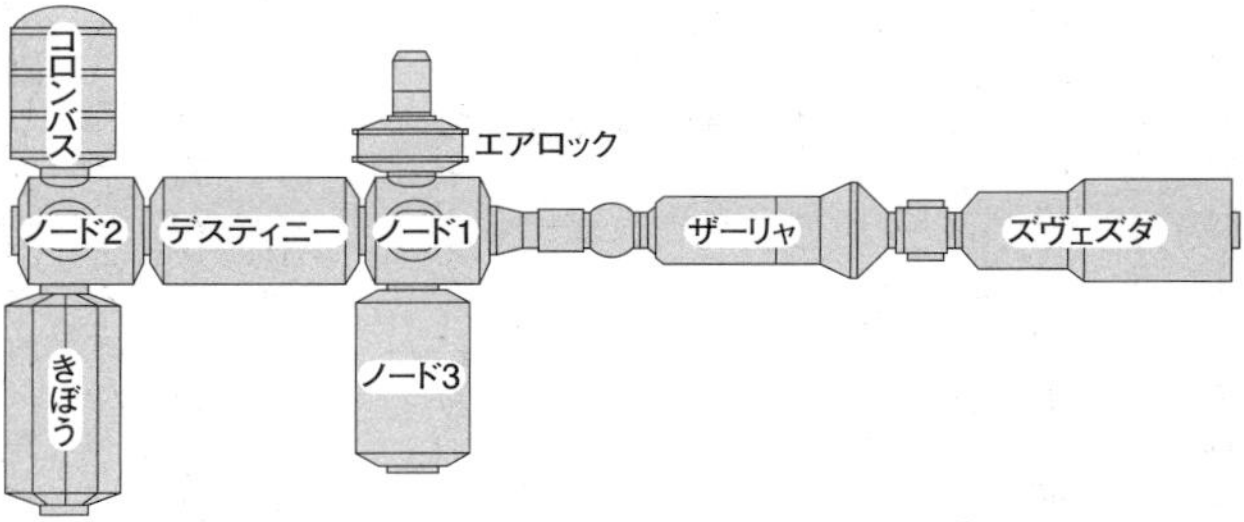

訓練が行われる「実物大模型」

ＮＡＳＡ・ジョンソン宇宙センター。

機関銃を携行した警備員が物々しく待ち受ける検問所を通過し、車で3分ほど走ったところに、訓練が行われる「ビルディング9」がある。ＩＳＳの実物大の模型がすっぽりと入るほど巨大な建物だ。

そのＩＳＳの実物大模型は「モックアップ(Mock-Up＝模型)」と呼ばれ、その中は一部を除き、本物そっくりにつくられている。

モジュール図を見てわかる通り、ＩＳＳの居住空間を構成するすべてのモジュールが再現されている。ただ一点、実物のＩＳＳとは異なり、それぞれのモジュールに外から効率的にアクセスできるよう互いに接合されていない。それぞれの入り口を2〜5メートルほど離して配置され、たとえ訓練中であっても、関係者であれば誰もが自由にモジュールに出入りできるようになっている。

図を左から見ていくと、縦に3つのモジュールが並ぶ。上から、ヨーロッパが開発した「コロンバス」、アメリカの「ノード2（ハーモニー）」、そして日本が開発した実験棟「きぼう」である。

この3つのモジュールに垂直に交わるように配置されているのが、アメリカの実験棟「デスティニー」。そしてこの「デスティニー」の反対側にも、3つのモジュールが垂直に取り付けられている。

このうち一番上が、宇宙飛行士が船外活動、いわゆる宇宙遊泳をするとき、外に出るための出入り口がある「エアロック」というモジュールだ。

そのエアロックの真下にあり、「デスティニー」とつながるように配置されているのは「ノード1（ユニティ）」。そしてそのさらに下に取り付けられているのは、ISSで最も大きな窓が備え付けられ、宇宙と地球を見渡すことのできる「ノード3（トランクウィリティー）」というモジュールだ。

この3つのモジュールの右側には、垂直に延びるように取り付けられている、もう1つのモジュールがある。「ザーリャ（ロシア語で『日の出』の意味）」と呼ばれる、ロシアとアメリカが共同開発したモジュールだ。俯瞰図で左側にある日本、アメリカ、ヨーロッパ（西側諸国）がそれぞれ開発したモジュールと、それらの右側、ＩＳＳの右半分に控えるロシアが開発したモジュールをつなげるために存在しており、いわば〝東西の架け橋〟となる施設だ。

このザーリャの右側に取り付けられているのが、ロシアの「ズヴェズダ（ロシア語で『星』の意味）」だ。酸素を生成する装置など、いわゆる生命維持装置があることから、同じ機器類があるアメリカの実験棟「デスティニー」と並び、ＩＳＳの中でも最重要のモジュールの一つとされる。

このため、「デスティニー」を含む西側諸国（アメリカ・ヨーロッパ・日本）のモジュールで非常事態が起きると、宇宙飛行士たちはまずはズヴェズダに集合し、対処法を検討することになっている。

ビルディング9に横たわる、9つのモジュール。この中で若田は、同僚5人の宇宙飛行士とともに、船長としての力量が問われる「緊急対処訓練」に臨むことになる。

NASA のモックアップ。中央にあるのが「管制区」

実際と同じ環境を作り出す

7月12日、午前11時。

若田は、他のどの宇宙飛行士よりも早くビルディング9にやってきた。先に現場で待機していた私たちは、遠くから徐々に近づいてくる若田に、自然と注目することになった。

「おはようございます。よろしくお願いします」

いつもながら明るく声をかけてくれたが、声のトーンは低く、緊張感の裏返しに見えた。そのまま若田は、モジュールに足早に向かっていった。

この日、若田たちは、ISSでの実際の滞在状況を想定した、初めての大規模な「緊急対処訓練」を行うことになっていた。どういうことかというと、実際に宇宙に滞在しているときと同じ環境とメンツで合同訓練を行うのである。

若田が船長として率いる宇宙飛行士は、アメリカ人2人とロシア人3人の計5人。いずれも宇宙大国を代表するにふさわしい宇宙飛行士たちである。彼らも、一番乗りで来た若田に続き、ビルディング９に次々と到着した。

みなが集まった場所は、この建物の一角に設けられた「管制室」だ。ＩＳＳへ地上から指示を出す地上管制室（Mission Control Center）を模したもので、大型のテレビモニターが８つ、大きな壁を形作るように設置されている。その手前には、パソコン画面が複数、備え付けられた作業卓が並んでいる。

８つの大型テレビモニターに映し出されるのは、各モジュール内部に設置された監視カメラの映像である。作業卓からは、見たいモジュールの映像に自由に切り替えることができるようになっていた。

実物のＩＳＳにも、各所に監視カメラがある。実は宇宙での活動は、３６５日24時間体制で監視されている。カメラがない場所といえば、トイレとそれぞれの寝室に当たる個室だけだろうか。そのＩＳＳとほぼ同じ状況が、モックアップには作り出されている。

一方、作業卓に組み込まれたパソコンの画面には、各モジュールのデータが表示されている。電力や酸素の供給状況をはじめとした、ＩＳＳの運用を正常に維持するために欠かせないデータで、火災が発生した場合などは、モジュール内に設置された煙探知機が異常を感知し、このデータに反映される。人体にたとえれば、心拍数や体温、それに血中酸素濃度や血糖値を常時モニターしているようなもので、ISSに異常があるとすぐにわかるよう設計されている。

訓練中、ここで作業を行うのは、若田たちが宇宙へ行ったあと、実際に彼らの指導と支援に当たる地上管制官たちだ。彼ら地上管制官は、英語では「フライトディレクター」と呼ばれ、有人宇宙開発の分野では宇宙飛行士に次いで花形のポストでもある。

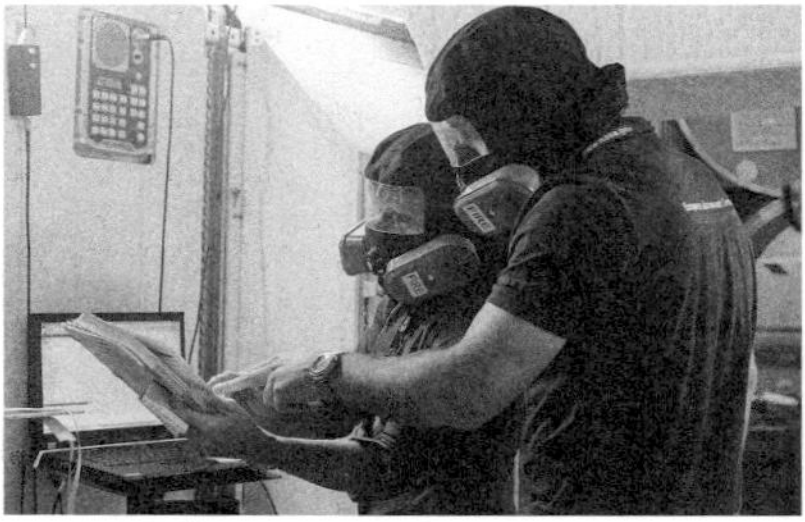
マスクを装着して行う訓練の様子

フライトディレクターは、作業卓からの操作で、モックアップ内に、

①「火災」が疑われる煙の発生
②「空気漏れ」が疑われる急な減圧
③重要機器の冷却剤として使われている「有毒ガス」の居住空間への流入

などを再現し、若田たちの緊急事態に対する対処能力を試すことができる。

宇宙にいるときと同様、若田たちとは無線のみで連絡を取り合う決まりだ。船内の状況に関する最新の報告を受けながら必要なときは地上から支援するという、実際のＩＳＳの運用で取られている体制を忠実に作り出すわけである。

訓練の打ち合わせの様子

アジア代表は日本

地上管制室を模した一角には、大きなテーブルがある。訓練を始めるに当たって打ち合わせをするため、宇宙飛行士をはじめ関係者たちが一堂に会した。

テーブルの長辺の両側に若田たち宇宙飛行士が３人ずつ、チームごとに座っている。そしてテーブルの「上座」に当たる場所には管制官が座り、その後ろには管制チームのリーダーなどＮＡＳＡのスタッフが勢ぞろいしている。

一方、ロシア人宇宙飛行士たちの後ろには、ＲＯＳＣＯＳＭＯＳから出張してきたロシアの地上管制チームが集っている。そして日本からも、若田の心身の健康管理を担う、松本暁子氏が来ていた。さらに欧州宇宙機関からは、管制官が1人、オブザーバーとして参加していた。

米、露、日、欧の代表者たち。世界15カ国が参加する「国際宇宙ステーション計画」をまさに象徴する光景だ。そしてこの中には、アジア人は日本人しかいない。

日本は今、中国にGDP＝国内総生産で追い抜かれ、韓国には携帯電話などの市場で圧倒されている。アジア諸国の猛追にあう中、ISS計画、そして有人宇宙開発においては、日本は随一の力を保持している。

集まった顔ぶれを眺めると、日本が宇宙大国アメリカやロシア、それにヨーロッパと肩を並べて計画の一翼を担っていることの「重み」を実感できる。

正確な状況把握が出発点

訓練の責任者は、フライトディレクターのリーダーでもあるアメリカ人のマイク・ジェンセン。多くの宇宙飛行士の訓練に携わってきたNASAのベテランで、若田が2011年に船長に内定して以来、一貫して指導に当たってきた。

マイクは若田たちに「どのような緊急事態が起きるのかは事前に知らせない」と説明。何が起こってもおかしくない現実と同じ状況で、緊急対処能力を試すわけである。

実際に生じる可能性が高いのは、「火災」「空気漏れ」、そして「有毒ガスの流入」のいずれか。

異常が発生した際、まず試されるのは、

「何が起こっているのか、その異常の原因を特定するために必要な対応を的確に行えるか」ということ。すなわち、「状況を正確に把握できる力」である。

自らが置かれている状況を正しく理解しないまま、思い込みや決めつけだけで対処に当たれば、どんなに精巧な作業を行ったとしても、それが間違いであることに変わりない。

あるJAXA幹部は、状況把握の重要性を建築にたとえて説明した。

「誰もが感心する素晴らしい建物であったとしても、建てるべき場所に問題や見当違いがあれば、欠陥のあるものに変わりありません。いくら計画的に対処しても、その出発点、いわば建物の基礎となる状況認識が間違っていると、すべてが間違いになり、ときに目も当てられない事態になります」

一つのミスが、命に関わりかねない宇宙。

的確な状況把握は、すべての緊急対処の「出発点」ともいえる。

設定は「何気ない休日」

訓練は、「ISSでの休日」を想定して行われた。

若田を含む6人の宇宙飛行士は、各自の好きなモジュールで過ごすよう求められた。実際の宇宙での休日と同じようにそれぞれが思い思いの場所で過ごす設定で、誰がどこにいるのか、互いには正確にわからない状況に置かれたのである。

訓練開始から5分後。

「ビー！　ビー！　ビー！」

突然、けたたましい警報が鳴り響く。どこかで異常が検知されたようだ。

「ノード3」にいた若田は、アメリカの実験棟「デスティニー」へ足早に向かい始めた。「ノード3」の隣にあるモジュール「ノード1」に入り、「デスティニー」の方向を覗き込むと、「デスティニー」の中が白く曇っているのを確認した。

「何が起きた？　煙か？」

若田は大きな声で、仲間に確認するように言った。

「デスティニー」にいたマストラキオからは、「そうだ！」という短い返答が返ってきた。

若田は「ノード3」に戻った。通信装置を使って、地上に状況を一刻も早く報告するためだ。船長の重要な任務の一つは、ISSにいる6人を代表して地上と連絡を取ること。これは平常時も、緊急時も同じである。

「ヒューストン、『デスティニー』で煙を確認。マニュアルに基づいて対応策を実行する」

「ヒューストンだ。了解。『デスティニー』で煙。マニュアルに基づく対応策実施、了解」

若田の発言を、マイク・ジェンセンがそのまま復唱する。宇宙からの報告を、地上が正しく理解したかを互いに確認するためだ。

確実なコミュニケーションを行う上での基本中の基本であり、地上から宇宙への通信のときも同じことが行われる。

若田は、「ノード3」の壁に備え付けられていた小さな扉を1つ開けて、煙を吸い込まないための酸素マスクを取り出した。そしてマニュアルを手に、再び「デスティニー」へ向かう。煙が発生したときに取るべき手順を確認しようと、移動しながらマニュアルに目を落とし、ページをめくっていた。

訓練の配置図①

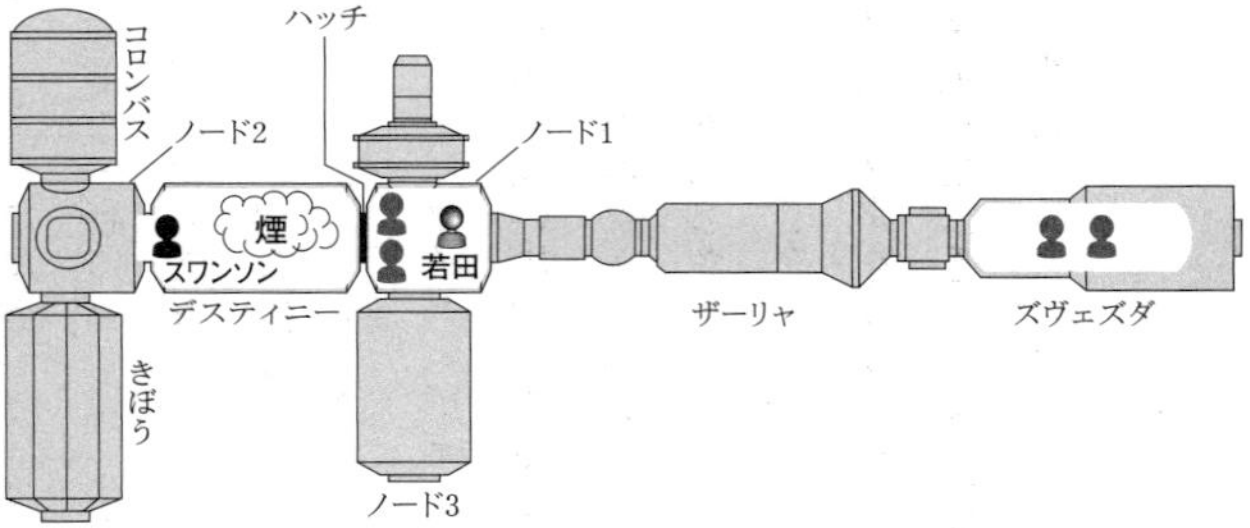

人数確認を忘れる

一方、「デスティニー」と「ザーリャ」をつなぐ「ノード1」には、マストラキオとチューリンがいた。マストラキオはすでに酸素マスクを装着し、チューリンもまさに装着しようとしていた。マストラキオの手にも、若田と同じマニュアルがあった。

その2人のもとに到着した若田。手持ちの有毒ガスの検出器を使ってその場の安全を確認する作業に取りかかった。

煙は、「デスティニー」から若田たちがいる「ノード1」に流れ込み始めていた。マストラキオは、自分たちがいる「ノード1」と「デスティニー」の間を仕切るため、2つのモジュールの接合部にある扉＝ハッチに手をかけて閉めようとした。

ハッチを閉めれば、煙が確認された「デスティニー」だけでなく、その先にある日本の実験棟「きぼう」、それにヨーロッパの実験施設である「コロンバス」も、一時的には放棄することになるが、他のモジュールへの延焼は防ぐことができる。

しかしマストラキオは、扉を閉める手を止めた。そして若田の方を向き、何かを叫んだ。

「ヘッドカウント（Head count）！」

マストラキオは酸素マスクを装着しているため、周囲には声がこもって聞こえる。このため、何を言っているのかがよくわからない。

「え？」

聞き取れなかったのか、若田はマストラキオがいる方向へ近づいた。姿勢はかがむように前のめりになり、耳をマストラキオの方に向けている。ジェスチャーで、何を言ったのかが聞き取れていないことを伝えようとしていた。

マストラキオも、装着しているマスクが邪魔しているのを理解したのだろう。もう一度、今度はゆっくりと、そしてさらに大きな声で叫んだ。

「ヘッドカウント！」

すると若田は、何かに気づかされたのか突然、前のめりだった姿勢をすくっと伸ばし、周りを見だした。

「あ、そうだ！　ヘッドカウント！」

マストラキオが叫んだ「ヘッドカウント」。その言葉通り「頭数を数えること」だ。すなわちマストラキオは、全員の安否を確認したのかと、若田に問いかけていたのである。

凍りついたリーダー

若田は、５人の安否の確認に乗り出した。

「ここにいるのは１人！　２人！……」

目の前にいる、マストラキオとチューリンのことだ。

若田がいるモジュール、「ノード1」と、ロシアのモジュール、「ズヴェズダ」は、実際には数珠つなぎになっている。「デスティニー」、「ノード1」、「ザーリャ」、そして一番奥の「ズヴェズダ」までは直線的につながっているため、モジュール同士は奥まで見通すことができる。実際に若田は、「ズヴェズダ」の方を覗き込んだ。「ズヴェズダ」は、ロシア関連のモジュールの中で居住空間が最も広く、生命維持装置がある居住施設でもあるため、残りの３人はみな、そこに退避している可能性があったからだ。

「おーい！」

若田が「ズヴェズダ」に向かって叫ぶと、ロシア人の宇宙飛行士のスクボルソフが顔を覗かせ、若田の呼びかけに応じた。

「そっちには何人いる？　３人か？」

「３人」と決めてかかるように問いかける若田。自らの期待を込めていたのだろうか。その若田に対し、スクボルソフは左手を挙げ、指を立てて「ズヴェズダ」にいる人数を示した。遠いところにいる若田には、叫ぶよりも指を使ったジェスチャーの方が確実に伝えられると、スクボルソフは踏んだのだろう。

「え、２人!?」

示された指は、２本だけ。１人足りない。

誰がいないのか。するとスクボルソフの隣でアルティミエフが顔を覗かせた。足りないのはもう一つのチームのリーダー、スワンソンだということがわかった。若田は再び振り返り、マストラキオとチューリンに声をかける。

「ちょっと待ってくれ！　スワニー（スワンソンの愛称）はどこにいる？」

マストラキオたち２人からは、はっきりとした返答がない。

若田は2人に近づきながら、隔離しようとしていた「デスティニー」に近づいた。しかしすでに煙が充満し、モジュール内が真っ白で見えなくなっている。

スワンソンの安否が、確認できていない。

若田はマニュアルに何度か目を落としながら、周囲を見回してスワンソンを探した。

すると……。

煙で真っ白になっていた「デスティニー」の中から、青い色をした何かがこっちに向かって近づいてきた。

スワンソンである。

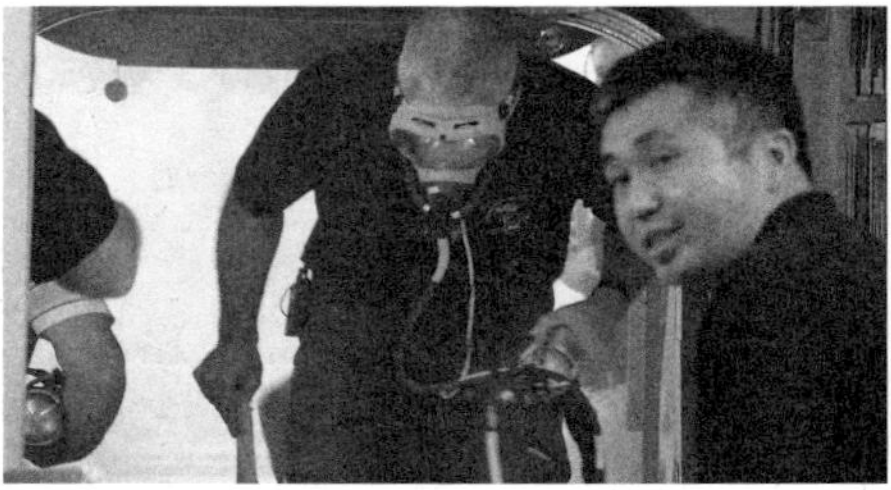
白煙の中から現れたスワンソン

スワンソンは、マスクを着けていた。手には酸素ボンベとマニュアルがある。そしてゆっくりとした、さらに余裕のある足取りで、「デスティニー」から「ノード1」に移ろうとしていた。
スワンソンは訓練開始当初、「デスティニー」よりさらに奥の、日本の実験棟「きぼう」の近くにいたのである。スワンソンは、煙の発生状況を確認した上で避難しようと考えていた。

スワンソンの姿を確認するまで、慌ただしく動き回っていた若田。白い煙の中から突然、出てきたスワンソンの姿を見ると、若田の動きはピタッと止まった。それまで出していた大声もやみ、しばらくの間沈黙が流れる。

「凍りつく」とは、こういう状態のことを言うのだろうか。

退避が原則

宇宙船の中での火災はとにかく恐ろしい。

宇宙飛行士たちは密閉空間の中にいる。そして船内は電子機器だらけ。さらにそれらの電子機器を冷却するために使われているのは、有毒ガス「アンモニア」。今のＩＳＳに使われている素材には燃えにくいものが使われているものの、ひとたび密閉環境の中で火災が起きれば、瞬く間に燃え広がる可能性もある。

宇宙船内での火災の恐ろしさを伝える事故がある。１９６７年に起きた「アポロ１号」の火災だ。

「アポロ」は、月面着陸を目標にした１９６０年代のアメリカの宇宙開発計画。中でも１号は、3人乗りの宇宙船の安全性を試すのがミッションだった。しかし、初の打ち上げに向けた地上での予行演習で、悲劇は起きた。

宇宙服を着た3人の宇宙飛行士は、それぞれ座席にシートベルトでしっかりと固定されていた。出入り口も厳重にロックされ、中は密閉状態に。実際の打ち上げのときと同じ条件が整えられていた。すべてが順調にいっていると思われたそのとき、船内の機器の配線から火花が出るトラブルが発生。宇宙船の内壁に張り巡らされた配線から発火して火災が起きた。

亡くなったアポロ1号の3人

宇宙船が、ほぼ100パーセントの酸素で満たされていたことも災いした。火は瞬く間に燃え広がり、火災が発生してからわずか10数秒後、船内との通信が途絶。船内に設置された小型カメラは、炎が船内を一気に覆い尽くす様子を捉えていた。3人は逃げる間もなく、一酸化炭素を大量に吸い込んだことによって意識を失い、窒息して死亡した。

宇宙船は本来、乗組員を真空の宇宙から守ってくれる〝砦〟だ。しかしその砦の内部で、火災などが一旦発生すると、砦は〝棺桶〟に突如変わる恐れがある。だからこそ、火災などのトラブルが疑われるとき、ISSの場合は火災が疑われるモジュールから速やかに出て避難することが、何よりも初めに求められる。

この原則は、今回の緊急対処訓練でもあてはまる。すなわち若田には、①火災が疑われる区画から仲間全員を速やかに避難させ、②そのモジュールを隔離することが求められていた。

「思い込み」の排除

煙は、デスティニーで最初に確認された。

だからこそマストラキオは、「デスティニー」と「ノード1」をつなぐ出入り口のハッチを閉めて隔離しようとした。しかし「デスティニー」を隔離すれば、その先の区画、日本の実験棟「きぼう」とヨーロッパの実験棟「コロンバス」への道も閉ざされることになる。

隔離した区画は、最悪の場合、分離して廃棄することもあり得る。「きぼう」だけでも、開発費はおよそ3000億円なので、それが一気に無になる可能性がある。しかしその代わり、被害の拡大は食い止められる。失うものは多いとはいえ、自分を含む6人のクルーの命と、ISSという船を救うためには、若田は「デスティニー」の隔離を速やかに行う必要があった。

しかし若田は、仲間の安否確認に手間取った。隔離して放棄する区画に万が一、誰かが残っている可能性を、当初は十分に想定できていなかった。もしマストラキオが気づかずにハッチを閉めていれば、火災が疑われる区画にスワンソンを閉じ込めるところだった。

若田は、ロシアのモジュールにいるクルーの安否確認をした際、スクボルソフに「そっちに3人いるか?」と尋ねていた。必ずやスワンソンを含む3人がそこいると期待していたのだろう。スワンソンであれば、自ら安全を確保し、しかるべき場所に避難しているだろうという、信頼ゆえの憶測もあったのかもしれない。

しかしこの訓練では、「思い込み」や「先入観」を排除して行動することが求められていた。

そして、訓練は続く。若田も、次の対応に移っていた。

若田はまず、最も安全と考えられるモジュールに避難することを決めた。すなわち、ロシアのモジュールの「ズヴェズダ」になる。欧米側のモジュールで異常が発生した場合、「ズヴェズダ」が最も離れた場所にあるからだ。

若田は全員に大きな声で呼びかけながら、自身も「ズヴェズダ」に向かった。このときスワンソンは、若田に、マストラキオとチューリンとともに「ノード1」近辺に残ることを提案した。煙発生の原因を調べるためである。この提案を、若田は了承した。

全員の安否を確認し、「ズヴェズダ」についた若田。しかしこの時点ですでに、「ズヴェズダ」で対応するよりも、自らが酸素マスクを入手したモジュールで、「ノード1」の隣に位置する「ノード3」に移って指揮を執る手もあるのではないかと考えていた。

「ノード3」は若田がいたとき、異常はなかったからである。また、地上と交信するための通信装置もある。発煙が起きている「デスティニー」にも近く、「ズヴェズダ」にいるよりも「ノード1」にいるスワンソン、マストラキオ、チューリンらの安否を含めた、全体状況を把握しやすい。

若田は、現場に最も近い場所で船長としての指揮を執るべく、緊急対応の拠点を「ノード3」に移すことを、ジェンセンら地上管制官たちに提案した。

「『ノード3』に移ること、了解」

ジェンセンら地上管制官たちは、異論を唱えずに淡々と復唱した。しかしなぜかニヤニヤしている。一方、若田は早速、スクボルソフを連れて「ノード3」に向かい始めた。

しかし、若田が「ノード3」に向かって歩いているそのとき、スワンソンから予想していなかった報告が上がる。

「『ノード3』から煙！」

驚く若田。

「『ノード3』から煙!?」

空調システムを使った仕掛け

一方の地上管制室。

訓練を主導していたジェンセンは、シナリオに「ひねり」を加えていた。

ISSのモジュールは、直径およそ4メートルの円柱形。しかし実際に宇宙飛行士が滞在できるのは、この円柱の中の縦横およそ2メートル、奥行きおよそ5〜9メートル前後の四角形の空間だ。どういうことかというと、巻きずしをイメージするとわかりやすい。具のあるところが、居住空間。その周りのご飯に当たるところには、生命維持装置や実験装置、各モジュールの気温を一定に保つ空調のためのダクト、さらに電気配線や装置類の冷却システムなどの機器類が詰まっている。

それぞれのモジュールの機器類は、他のモジュールにある機器類と複雑につながっている。たとえば空調のダクトは、体内に張りめぐらされた血管のように、ほぼすべてのモジュールをつなぎ合わせる形で張り巡らされている。

ISSの中は機器で埋めつくされている

訓練で使われた煙は、この空調システムの特徴を利用していた。「デスティニー」で発生した煙は、実は「デスティニー」が発生元ではなかったのだ。若田が最初にいた「ノード3」にある配線がショートし、発生した煙はダクトを通り、「ノード1」をそのまま通過。先に「デスティニー」に出て、居住空間に充満していったのである。
当然ながら、ジェンセンが加えたこの「ひねり」を知るよしもない若田船長。5人の仲間たちを指揮しながら原因を突き止め、適切な対処に当たらなければならなかった。

手持ち無沙汰のクルーたち

安全と思っていた「ノード3」で、煙が発生。

すぐ隣の「ノード1」にいたスワンソンたちは、「ノード1」と「ノード3」をつなぐ出入り口のハッチを閉めた。

事態が変わったことを受け、若田は全員をロシアのモジュール、「ズヴェズダ」に集めた。

若田はまず、スクボルソフと2人で、煙が発生した場所の特定を急ぐことにした。

2人が煙の発生場所を特定するために使ったのは、「ズヴェズダ」の壁に取り付けられていたラップトップ型の2つのパソコン。これらを使えば、ISSの各モジュールのデータを把握できるからである。どこかの装置に異常があれば、このパソコンで場所などを確認することができ、さらに遠隔操作で異常が起きている装置への電力供給を止めることもできる。こうした機能を持つパソコンは、ISSの各所に設置されていて、緊急対処の際に必須となる。

若田はマニュアルを手に、パソコンを使った一つ一つの操作を、自ら復唱しながら進めていた。しかし、モジュールごとに多数の装置がある。どこで発生しているのか見当がつかない中、疑わしいモジュール全てを確認しながら進めるのは時間がかかる。

一方、スワンソンら４人は、「ズヴェズダ」の作業用テーブルに集まっていた。指示が出たらすぐに現場へ駆け付けられるよう、みな、酸素ボンベと、携帯用の有毒ガスの検出装置を用意していた。

あとは、若田の指示を待つのみ。４人は若田の作業を見守った。

しかし、煙の発生場所をなかなか特定できない。

刻一刻と、時間だけが過ぎていった。

何もやることがない４人。いたたまれなさが、私たちにも伝わってきた。このうちチューリンは、何度か若田の様子を覗きにいった。そのチューリンの動きに、若田は気づいていないようだった。そしてチューリンは、他の３人のもとへ戻ってくると、残りの仲間に向かって首をかしげ、「やれやれ」という動作をした。

異常の場所が特定されるまで、４人はここでずっと待機するしかないのだろうか。

何か他に並行してできることはないのだろうか。

見ている方も、もどかしさを覚えるほどだった。

自ら動き始めたライバル

「若田の指示を待とう」と仲間をなだめていたスワンソンも、残された仲間の気持ちを汲んでのことか、若田のもとにそろりと歩み寄り、作業の合間の一瞬を見計らって声をかけた。

「コウイチ、僕らは『ノード1』(『ノード3』の手前)の前まで行くよ」

「あ、現場に?」

「ああ。現場近くで、煙の発生元の調査を始めるよ。『ノード1』の隣にある『エアロック』には無線機もある。ここにいる君とどのように連絡を取り合うべきかを含めて、あとで指示をくれないか」

「そうか、わかった。えっと、酸素マスクは持った?」

「持ったよ」

「ガス検出器は?」

「それも大丈夫だ」

「そうか……。懐中電灯は?」

「大丈夫」

スワンソンは、パソコンでの煙の発生場所の特定と並行して、現場近くに何人かを派遣し、現地調査を速やかに進めた方が、より効率的な対処を行えるのではと考えていた。

しかし船長は若田だ。スワンソンとしては、リーダーの了承なくして勝手に動き出すわけにはいかない。そこでまず、若田の作業がまだ終わりそうにないことを確認し、残ったクルーが手持ち無沙汰であることを考慮した上で、自分を含む4人を現場に向かわせるべきではないかと、やんわりと進言したのである。

若田の了承を得たスワンソンは、待機していた残りの3人に対して、「よし、行くぞ」と声をかけた。スワンソンの指示を待っていたかのように、みなが一気に動き出す。

先頭のスワンソンが「ズヴェズダ」から出ようとした、そのとき。

若田とともにパソコンを操作していたスクボルソフが、スワンソンをまるで引き留めるかのように、大声である言葉を叫んだ。

「ファイアーポート（Fire Port）、『ノード3』！」

スワンソンは、ピタッと歩みを止めた。そして「『ノード3』？」とつぶやいたあと、スクボルソフの方に顔を向けた。

彼はもう一度、叫ぶ。

「ファイアーポート、『ノード3』！」

ファイアーポートとは、ISSの居住空間を作る壁にあらかじめ開けられている「開口部(port)」の一種である。居住空間の壁の裏側で火災などが起きたとき、壁を開けなくても消火剤を吹き付けることができるよう、ストローのような長い金属製の管を差し込めるようになっている。ガス検出器の先にストローを取り付けて、中の有毒ガスの発生状況を調べることもできる。

若田と手分けして煙の発生元の特定作業に当たっていたスクボルソフは、スワンソンが現場へ行くと知り、最新の情報を伝えようとしていた。スクボルソフがデータを分析した限り、最も疑わしいのは「デスティニー」ではなく「ノード3」であった。

スクボルソフは、ジェンセンが訓練に加えていた「ひねり」に気づき始めていたのである。

そのスクボルソフの2度の叫びで、それを理解したスワンソン。今度は若田の方を見る。

若田も聞こえていたはずで、スワンソンは、若田の指示を求めていた。

しかし、若田の反応はない。端末の操作に集中していた。

スワンソンは、指示は来ないと判断しつつ、しばらく若田を見守った。

そして若田が顔を上げて自分の方に目を向けたそのとき、大きな声で質問した。

「どのファイアーポートだって?」

若田はスワンソンに目を向けた。するとスワンソンの視線が、自分の隣にいるスクボルソフに注がれていることに気づく。

若田は、スクボルソフの見ているデータに目を向ける。

ファイアーポートに関するデータは、「ノード3」での異常を示していた。

「ファイアーポートは……、『ノード3』の…」

若田は、スワンソンに大声で伝えようとした。しかしスワンソンは、当初いた「ズヴェズダ」の入り口から若田のところまで戻ってきて、同じ画面を覗き込んで確認していた。

若田からの報告と指示を待たず、自らの目で「ノード3」のファイアーポートに異常があると確認したスワンソン。

何も言い残すことなく、4人を連れて現場へ足早に向かっていった。

司令所を現場近くに移動

若田船長率いる6人は、2手に分かれていた。

「ズヴェズダ」に残ってパソコンを使い、煙の発生源の特定を急ぐ若田とスクボルソフ。

訓練の配置図②

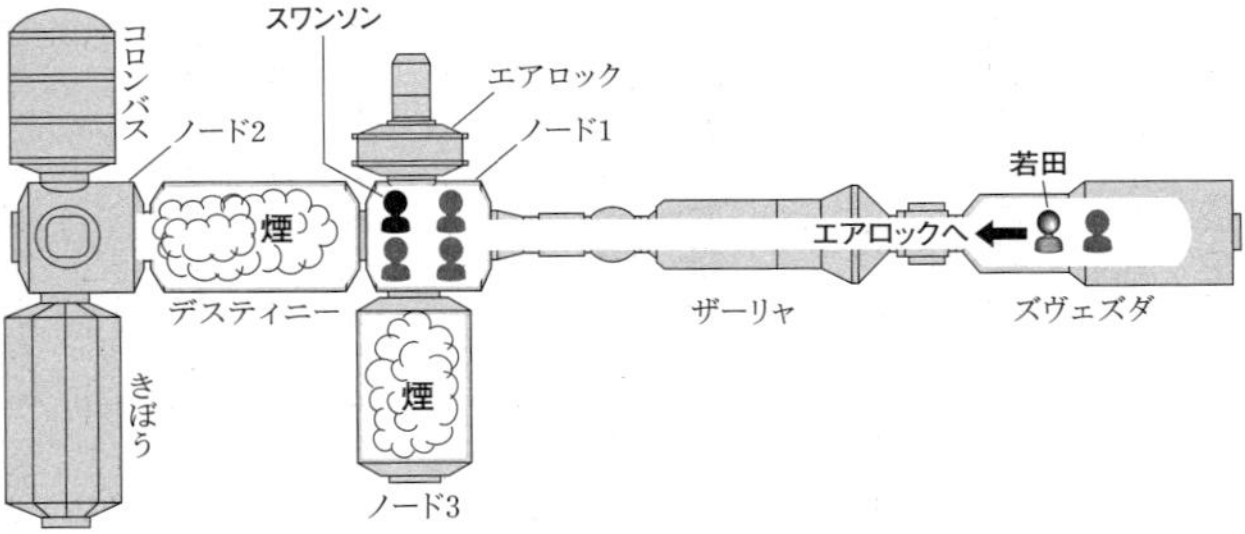

現場の調査に向かったスワンソン、マストラキオ、チューリン、アルティミエフ。

しかしながら緊急対処の主導権は、若田からスワンソンたち現場の調査チームに移っていた。

若田たち2人ができるのは、データの分析による煙の発生場所の絞り込みのみ。最終的な出火場所の断定と実際の消火活動は、現場が行うことになる。パソコンによる遠隔操作で発火元があるモジュールへのすべての電力供給を止めることができるが、あくまでも現場の調査で得られた情報も勘案した上で、段階的に進めるべき作業といえる。

そこで若田は、現場近くに移動して指揮を執ることを決める。スクボルソフの確認作業で、発煙元は「ノード3」であるとほぼ特定できた。より現場に近づいて指揮に当たることも可能になっていたからだ。

さらにスワンソンら４人と互いに近い距離にいれば、全員のコミュニケーションの円滑化を図ることができる。実際に、訓練のあとで若田自らが「無線を介して連絡を取るより、自分の目でクルーの安全を確認しながら、直接コミュニケーションを取ることを優先した」と、自ら現場に近づくことにした理由を説明していた。

若田は、煙の発生源と新たに疑われるようになった「ノード３」から、隣接する「ノード１」を挟んで向かい側にある「エアロック」と呼ばれるモジュールに移動した。「エアロック」にも、ＩＳＳの運用システムにアクセスできるパソコンがある。現場へ調査に向かったスワンソン率いるチームの作業を確認しながら、自分自身の作業も同時に進めることができる。

「ヒューストン。『ノード３』のファイアーポートが疑わしい。スワンソンたちが調査に向かった」

「司令所（Command Post）を『エアロック』に移す。これから移動する」

若田は無線でジェンセンら地上管制官と連絡を取り、自らの考えを伝えた。

ともに作業に当たっていたスクボルソフとともに、足早にエアロックへ向かった。

またもや原則の見落とし

一方のスワンソンたちは、「ノード3」の前にいた。

全員が「ズヴェズダ」に退避する前、万が一の延焼を防ぐため、「ノード3」の入り口のハッチは閉じていた。このため、中には入れない。しかし入り口付近には、ファイアーポートがあった。ここにおよそ40センチの金属製の細いパイプを差し込み、ガス検出器を使って、一酸化炭素など火災の証拠となる物質の有無と濃度を測定する。

その測定結果を、最初に煙が発生した「デスティニー」の入り口のファイアーポートから同じように検出した数値と比較すれば、その濃度や成分などから、煙の本当の発生源は、最初に煙が確認された「デスティニー」なのか、それとも「ノード3」なのか、断定できるはずだ。スワンソンの指示のもと、マストラキオとチューリンは、2人で有毒ガスの測定に当たった。

そして、異常な数値がノード3の複数のファイアーポートから検出されたのである。

検出結果に誤りはないか、顔を寄せ合って最終確認をするスワンソンたち。

スワンソンは、間違いなしと判断すると、「『ノード3』の数値は10%を超えている。隣のモジュールの数値と明らかに違う。よって、ここが火元に違いない」と声をあげた。

しかし、スワンソンが言い終えた瞬間、彼らがこの場にいると予想していなかった人物の、威勢のいい返事が背後から返ってきた。

「オッケー。10%ね、了解」

若田だった。いつの間にか、スワンソンのチームのもとへやって来ていたのだ。

「え、コウイチ?」

顔を上げたチューリンがボソリと言う。目を丸くし、驚きを隠せない。

若田がはっきりと答える。

「うん。司令所をこの『エアロック』に移したよ」

チューリンは力なく返事する。

「ああ、そう……」

なぜここに若田がいるのだろうか。その疑問が、チューリンの様子に表れていた。

スワンソンたちの現地調査の情報を得た若田。

「ノード1」をはさんで8メートルほど離れた「エアロック」に戻り、パソコンの操作を始めた。

傍には無線機もあるが、もはや必要ない。若田が火災現場の近くに移動したことで、ISS内での6人のやりとりは、ほぼすべて口頭でできるからだ。

しかし――。

この状況に危機感を持っていたのが、地上管制室にいたジェンセンたちだった。

というのも、無線を介さない限り、宇宙飛行士たちのISSのやりとりは地上管制室には伝わらないからである。緊急事態においては特にそうだが、無線を積極的に使った方が、地上管制室も宇宙で何が起きているのかが把握できる。回線をあわせて、宇宙飛行士同士の無線での会話を、そのまま聞いていればいいからである。

しかしこのときは、ほとんどのコミュニケーションが口頭で行われていた。したがって、地上管制室では、スワンソンのチームが検出したデータを把握しきれないという状況に陥っていたのである。若田自身には逐一データが報告され、若田もなるべく地上に伝えようとしていたが、すべてを報告できていたわけではなかった。

地上管制室とすれば、船長の若田をはじめ6人全員が、火災発生が疑われる現場近くで作業をしている以上、彼らの安全を念には念を入れて確認しておきたい。有毒ガスの検出器のデータを細かく入手できていれば、現場にいる宇宙飛行士たちでは気づかない万が一の「異変」にも、速やかに対策をとることができる。

もし若田がそのまま「ズヴェズダ」に残っていれば、若田とスワンソンはすべてのやりとりを無線ですることになった。そうすると、地上管制室もそのやりとりをリアルタイムで共有できる。だが若田は、司令所をあえて現場近くに移した。現場でのコミュニケーションを最優先するための行動で、その意図は評価できる。しかし結果として、地上管制室とのコミュニケーションが不足し、ジェンセンらフライトディレクターを不安にさせる事態を自ら招くことになった。

リーダーの立場が揺らぐ

地上の不安を知らない若田。

スクボルソフとともにパソコンに向かい、煙の発生源と見られる「ノード3」にある装置の異常を、より詳しく調べる作業に取りかかっていた。

作業を進めていくと、「ノード3」内の実験装置の配線の1つがショートしている疑いがあることがわかった。おそらくここから煙が発生したと見られる。若田はパソコンを操作し、「ノード3」に供給されている電力を切る作業に取りかかった。

一方、スワンソンの動きに無駄はなかった。自ら若田のもとに足を運び、有毒ガスの検出器を使って測定した各所の一酸化炭素の数値など、チームの調査結果を報告。若田の作業の進み具合も確認した上でチームに戻り、消火に向けた作業の指揮に当たった。

およそ10分後。

若田はようやく、「ノード3」への電力の供給を止める作業を終えた。凝視し続けなければならなかったパソコンの画面とマニュアルから、やっと目を離すことができた。

スワンソンのチームに次の作業を指示しようと、顔を上げ、周囲を見回す。

その目に飛び込んできたのは、マストラキオの姿だった。

マストラキオは、自分のすぐ隣のモジュールの床に座っていた。しかも足を伸ばして壁に寄りかかり、マニュアルをペラペラめくりながらくつろいでいた。

そのマストラキオの隣には、スワンソンが腕を組んで立っていて、若田の方を伺っていた。

実はスワンソンのチームは、若田が自身の作業を続けている間、すでに「ノード3」の消火を終えていた。その上で、最初に煙が確認されたために閉ざしていた「ノード1」と「デスティニー」の間にあるハッチをあらためて開いて中に入っていた。出火元は「デスティニー」ではなかったが、思いもよらぬ延焼が起きていないかなど、最終の安全確認もすべて完了していたのである。

若田は、「次に必要だ」と自分の中で意識していた緊急対応について確認した。

「ISS全体の、煙の目視確認はしたのかな?」

すると、マストラキオは、

「終わったよ。他は全部、問題ない」

手を横に振って、明るく答えた。

若田はさらに、「隔離した『デスティニー』と他のモジュールの安全は確認した?」と尋ねた。

「もうやったよ。ハッチも閉めた」

スワンソンとマストラキオは、口を合わせるように答えた。

それを聞いた若田。

「確かにマニュアルでは、すべてのハッチを閉めるようになっている。ガスの検知もすでに終えたんだね……。良い判断だ、素晴らしい」

そう答えて、スワンソンのチームの対応をねぎらった。

スワンソンをはじめ、宇宙飛行士全員が若田と同じ緊急対応マニュアルを持っている。マニュアルには火災や有毒ガス発生、空気漏れなど、それぞれの緊急事態に応じた対処の手順が、事細かに記されている。これに基づいて行動すれば、若田の指示を待たずに作業を進めることも可能である。さらにスワンソンは、若田と同じく、今回の長期滞在で若田の次に船長になる宇宙飛行士だ。そのスワンソンにとっても、今回の訓練は緊急事態での判断とリーダーシップを鍛える良いチャンスだったといえる。

訓練が終わったことを察知し、若田の隣に座っていたスクボルソフが先に立ち上がった。若田の肩をポンポンと叩き、モジュールを去っていく。

複雑な表情の若田

しかし若田は、あまり反応しなかった。その表情はこれまで見たことのないもので、一言では表せない複雑な感情が滲んでいた。

訓練の間、目の前でカメラを回し続けていた私たち。こちらに気がつくと、若田は、いつもの笑顔に戻って冗談を言った。

「酸素マスクをかぶらなくて良かったので、汗をかかなくて済みました。良かったです」

立ち上がった若田は我々から離れ、スワンソンのもとに歩み寄っていった。

そして、次のように声をかけた。

「Wonderful Job.（みんな、素晴らしい働きだった）

You're the man.（君のおかげだよ）」

その音声も、私たちのカメラに記録されていた。

批判は建設的とみなされる

訓練のあとは、必ず関係者を集めたデブリーフィング（Debriefing）が行われる。いわば反省会のようなものだ。

雰囲気は和やかで、みなが持ち寄ったお菓子や飲み物を自由に飲食しながら行われるため、どこか楽しそうにも見えるが、関係者は忌憚なく意見を述べることが求められる。

ＮＡＳＡを取材して毎回のように驚かされるのは、議論の活発さだ。宇宙飛行士選抜試験のときに取材した、ＮＡＳＡの面接試験とも共通する部分があるが、今回のデブリーフィングも、活発な議論ができるようにするための工夫が随所にあった。

世話好きの職員たちが、思い思いに食べたいものを持ち寄る。みなが手に取って口にしながら、リラックスして議論を進められる環境を整えようという配慮だろうか。

日本のように年功序列もないので、若手は発言を控えることなく、むしろ積極的に議論へ参加することを求められていた。発言内容が的外れでもいい。間違っていても、議論の足しにはなる。むしろ何も言わずに黙っていることこそが、最も無益である。それは同時に、どんなにランクが上の人に対しても自由に意見を述べることを組織として奨励している、ということを意味する。

それだけに、反省会では船長の若田に対しても意見がバンバン出される。チームとしてのパフォーマンスをさらに良くしようという狙いがあるからだ。たとえその指摘が船長としての判断の誤りを指摘するものだとしても、「改めた方が今後、チームとしてはいいのでは」という、前向きかつ建設的な発言と捉えられる。

デブリーフィングの議論の様子

船長の今回の評価は？

反省会は、若田にとって優しいものではなかった。

議論になったのは、若田が司令所を現場近くに移したことだった。

若田にとっては、現場の調査に行ったスワンソンのチームと連携し、最善の緊急対処を行うためのベストの選択だと思われた。しかし地上管制室からすれば、必要な情報が抜け落ちる結果となった。

マイク・ジェンセンは、チーム全員に指摘した。

「有毒ガスの検出器が測定した数値は、地上管制室にとっても非常に重要なデータだ。ISSの運用システムが自動的に感知するデータは、私たちも把握することができる。しかし、君たち自身が手で測る有毒ガスに関する最新データは、無線で報告してくれないと、こちらはまったくわからない」

ジェンセンの指摘に若田は、「その通り」と相槌をうつ。

スワンソンも、うなずいていた。

「最新のデータに関する報告がないと、我々は君たちを十分にサポートできなくなる。ただ、実際に宇宙で今日の訓練と同じような事態が起きた場合は、僕らフライトディレクターはかなり厳しい口調で君たちに対し、最新のデータを報告するように催促するだろう。だから実際の宇宙では、そこまで地上のことを気にしなくてもいいかもしれない」

「しかし過去、同じ訓練を行ったチームの中には、たとえ互いに近くにいて口頭で会話すれば事足りるような状況であっても、あえて無線で連絡を取り合い、地上もリアルタイムでデータを共有できるように努めたチームもいたことを指摘しておきたい」

若田は黙ったまま、何度かうなずいた。

一方のスワンソン。次のように答えた。

「確かに、コウイチが近くにいてくれたから口頭でのやりとりになってしまった」

議論の最後に、別のフライトディレクターが発言した。

「近くにいた方が、現場でのコミュニケーションは確実に良くなると思う。しかし直接のやりとりが増えれば増えるほど、僕らがいる地上には聞こえないやりとりも増えることになる。その結果、ときには重要な情報に関する共有が抜け落ち、地上から十分な支援ができないリスクが生まれることもある。口頭で作業するときは、そのリスクを常に念頭に入れておいて行動してほしい」

現場を大事にし、チームのためを思って行動した若田。
しかし、その意図とは裏腹に、新たなリスクを生み出していた。

第4章

自分を客観視する力

訓練の様子をモニターで見つめるマイク・ジェンセン

頭の回転が速い人の弱点

「コウイチは、強いストレスを感じたり、強い危機感を持ったりすると、自分の考えを周りよりもどんどん先走らせてしまう傾向がある」

「これは頭の回転が速い人に共通する傾向かもしれません。コウイチが誰よりも先に危機感を抱いて、事態に対処しようと周りに行動を促す。でも周りは、コウイチが抱いている危機感をまだ共有できていないことがあります。このためコウイチが、なぜ自分たちに行動を促そうとしているのか、どうしてコウイチだけがせわしなく動いているのかがわからないときがあるのです」

「こんなとき、周囲からするとコウイチがただ焦っているようにしか見えません。コウイチが何を考えて行動しているかが、本人以外はわからない状況になってしまうのです。そしてその状況のまま事態が進むと、コウイチとしては先を見越して一生懸命に対処しているつもりでも、結果としては空回りになっていることもある」

若田の船長に向けた訓練を担当してきたNASAのフライトディレクター、マイク・ジェンセンの言葉である。先の緊急対処訓練のあと、若田の課題は何か、と問うた際の答えであった。

ジェンセンによると、緊急事態への対処において意外に見落とされがちなのは、コミュニケーションの重要性だという。

命に関わるような状況でチームが同じ目標に向かって動かなければならない中、まずはメンバーどうしで危機感を共有することが何よりも重要である。そのためリーダーは、時には仲間の思考のペースに合わせ、全員が同じレベルで状況を把握できるよう的確に説明しなければならない。直面している事態の深刻さを理解し、危機感を自ら実感して初めて、メンバーは自発的に行動できるようになるからである。

しかし頭の回転が速い人の場合、他のメンバーも自分と同じ危機感をすでに抱いているはずだと、無意識のうちに思い込んでしまうことが多いという。それを前提に仲間に接し、行動を促したところで、相手はリーダーと同じレベルの危機感をまだ共有できていないので面喰らってしまうことになる。その結果、周囲の目には「リーダーだけがなぜか焦っている」と映ってしまう。

また、仲間が同じ事態を別の視点から分析し、自分とは違った危機感を抱いている可能性がある。危機感を共有するためのコミュニケーションを取っていれば、そのやりとりの中で、仲間が考えた別のアプローチや対応策があることに気づくことができる。

だからこそリーダーは、一旦自分を客観視して、自らの考えが先走りしている可能性があることを自覚し、時には思考のペースを落として仲間に合わせて考えながら意見を交換した上で決断することが重要だというのである。

「コウイチの頭の中では、それなりの答えがすでに出ているのかもしれません。彼は優秀だから、それが正しいことも多いでしょう。しかし、周りの人の思考のペースに合わせて、そのときの状況に合ったコミュニケーションができなければ、本当の意味での良いリーダーにはなれません。どんな状況においても、自らの考えを仲間に確実に伝え、同時に、仲間の意見もしっかり聞く余裕も持ち、良い意見は積極的に取り入れて指揮に当たることができるような安定感のあるリーダーになってほしい。そのための訓練を、宇宙に行くまでの間、できる限り積んでもらいたいと思っています」

若田をよく知り、ともに訓練を重ねてきた男からのエール。

緊急対処訓練は、若田が宇宙に行くまでに、リーダーとして乗り越えるべき課題を洗い出す、絶好の機会でもあった。

宇宙のコストへの厳しい目

緊急時においても、安定感のあるリーダーになること。

ジェンセンが若田に課した目標である。

しかし、簡単なことではない。

命の危険を感じているとき、誰よりも冷静でいられるか。不安とプレッシャーにさらされ、焦りが募っている自分を素直に認めることができるか。そして、自分が誤っている可能性を自覚し、仲間からの意見にも耳を傾け、実効性があればそれを採用することができるか。

落ち着き、忍耐、寛容さ、度胸……。人として身につけるべき要素であっても、これらすべてを持ち合わせることは極めて難しい。

しかし、極限状況ではそのすべてが求められる。

それゆえ、パイロットが採用されやすいのである。

パイロットであれば、ある程度の精神の安定性は、心理テストや飛行訓練などを経て保証されている。度重なる訓練で、命を落とす危険と隣り合わせの状況にも慣れている。そして死を身近な問題として深く考え、自らの覚悟はもちろん、乗組員や乗客の命も預かることの重みをしっかりと認識している。さらには万が一に備え、家族にも心の準備をさせておくことを日頃から求められるという、過酷な職業である。

パイロットと同じようなレベルで命の覚悟を求められる職業が世の中に他にあるかというと、そう簡単には見つからないのではないか。

だからこそ、古今東西、世界各地で、パイロット出身の宇宙飛行士が多いのだ。

特に黎明期、月面着陸を目指したアポロ計画初期のころまでは、軍出身のパイロット、その中でも特に「命知らず」とされた、テストパイロットのような人たちしか宇宙飛行士になれなかった。命を落とすリスクが、それほど高かったからである。そして現代のように、技術者や医師が宇宙飛行士に当たり前のように選ばれるようになったのは、実は最近のこと。1980年に、アメリカのスペースシャトルの運用が始まり、一度に7人以上の飛行士を宇宙へ送り込めるようになってからのことである。

若田はそのスペースシャトルが運用されていたときに採用された一人である。日本が技術者の宇宙飛行士候補を採用するのは、初めてだった。

スペースシャトルの操縦は、パイロット出身のアメリカ人宇宙飛行士にすべて任せるというのが、採用の大前提だった。したがって日本人宇宙飛行士の役割は、技術者や研究者としての専門性を生かしてミッションに貢献することである。技術者出身の場合、ＩＳＳのような宇宙施設の建設・修理作業に当たり、研究者や医師の場合は、科学実験や医学実験で主導的な役割を担う。乗組員の「大量輸送」ができたスペースシャトルがあったからこそ、あり得た採用だったといえる。

しかし、そのスペースシャトルも引退してしまった。計画された当初に考えられていたほど、安全な宇宙船ではなかったからである。２度の事故で14人もの宇宙飛行士の命が失われてしまった。その結果、一度に７人の乗組員を無事に宇宙と地球との間を行き来させるためには、当初の想定よりも莫大なコストをかけて安全性を確保しなければならなくなった。実際、引退のころには、打ち上げ費用が１回当たり４００億円超まで跳ね上がっていたと言われる。

世界で最も安全な再利用型の宇宙船とうたわれたスペースシャトルも、運用を重ねていくうちにかなりハイリスクな乗り物であるということが明らかになり、引退を余儀なくされたのである。

そして２００９年、油井亀美也と大西卓哉の２人のパイロットが採用された前回の日本の宇宙飛行士選抜試験（その後、金井宣茂が補欠で合格している）は、スペースシャトルはもう存在しないという前提に立った初めての試験となった。代わりに現在稼働しているのが、若田も乗ったロシアの宇宙船「ソユーズ」である。定員はたったの3名。日本人がソユーズに乗り組めるのは、4〜5回の打ち上げのうち1人だけというペース。1年の間に宇宙へ行く世界全体の飛行士の数を分母にすれば、12人から15人ごとに1人の確率だ。これを時間に置き換えると、およそ1年半のペースで1人の日本人が、宇宙へ飛び立つ計算になる。

ISS唯一の有人宇宙船ソユーズ

たった1人の枠に日本代表として送り込む宇宙飛行士には、当然ながら、世界的に見てもエース級であってもらわないと困る、ということになる。各国の宇宙飛行士に軍出身のパイロットが多い中、日本がパイロットを採用したのも、ある意味で自然である。

日本航空の若い技術者だった若田は、ISSの船長を任されるほどまで訓練と実績を重ね、着実に成長してきた。その姿を見てくると、素質のある人材を選び、さらに長期的な視点に立った育成方針と優れたスタッフさえいれば、どんなに高い要求水準であっても狙い通りに養成し、究極的にはその能力を身につけさせることができるということがわかる。

ただ、その宇宙飛行士の育成に、どれほどまでの時間とコストをかけていいのか。予算は税金から捻出されるだけに、どのようなバックグラウンドを持った人物を採用するかということが時代ごとに見直され、議論されるのである。すなわち財政の逼迫する現代では、いかに「ローコスト・ハイリターン」の人物を採用するかが、重要な基準となる。

そして数多ある育成プログラムの中で、やはり最もコストがかかり、リスクも大きいと言われているのが、緊急対処訓練だ。

若田の場合、その20年以上のキャリアを通じて最大の課題と捉え、重点的に取り組んで鍛え続けてきたのが、「緊急対処能力」であった。

「ミニ宇宙飛行」になる訓練

宇宙飛行が2カ月後に迫る中、若田が強いこだわりを見せた訓練があった。

その訓練とは、「T－38訓練」。

「T－38」と呼ばれるジェット機を使った、操縦訓練である。

若田が「宇宙飛行の前にどうしてもやっておきたい」と繰り返し訴え、実施の許可を求めていた訓練だった。しかしNASAとJAXAともに、「宇宙飛行の直前に行うにはリスクが高い訓練だ」として、若田に断念するよう勧めていた。

T-38は、1961年にアメリカ空軍が初めて採用した訓練機である。2つのエンジンを持つ双発のジェット機で、音速に到達できる性能を持つ。2人のパイロットが同時に乗り組むことができ、機体を主に操縦する「第1パイロット」は前席、第1パイロットの操縦を支援する「第2パイロット」が後席に座る。NASAでの訓練の場合、第1パイロットが許せば、第2パイロットも離着陸時を除き、後席から機体を操縦できる規則になっている。

T-38は、宇宙飛行士の緊急対処能力を鍛える上で、根幹となる訓練であると言われている。NASAがスペースシャトルの時代から宇宙飛行士1人当たり、年間48時間以上のT-38搭乗を課していることからも、その重要性がわかる。

NASAは、ジョンソン宇宙センターがあるテキサス州ヒューストンの郊外に、T-38用の訓練施設を持つ。「エリントン・フィールド」という軍民共用の小さな空港には、T-38が10機以上配備されていて、40年以上にわたってここで運用されてきた。

若田は、現役の日本人宇宙飛行士の中で、T-38の累計飛行時間が最長を誇る(2013年時点)。彼の言葉を借りると、この訓練は「ミニ宇宙飛行」だという。

T-38訓練機

「Ｔ‐38の搭乗は、ミニチュアの宇宙飛行みたいなものなのです。判断や操作を間違えば、本当に危険な状態、命を落としかねない事態になるからです。飛行中に計器やエンジンにトラブルが発生しても、恐怖やプレッシャーに耐え、焦りを抑えながら、的確に状況判断をして、正しい措置を取らなければならない。まさに緊急対処能力を鍛えられると思います。飛行のたびに、新たな発見がある。だから重要な訓練だと、私は考えるのです」

若田の指摘通り、Ｔ‐38の訓練ではたった一つの誤りが本当に危険な状態をもたらす。

そして最悪の場合、死につながる。

１９６４年、66年、そして67年に、Ｔ‐38が訓練中に墜落。合わせて４人の宇宙飛行士が亡くなっている。いずれも、空軍出身のパイロットが操縦していた。プロ中のプロであっても、一つのトラブルやミスが、まさに命取りになりかねない危険な訓練であることを物語っている。

それだけに、宇宙飛行を目前に控えた若田が、Ｔ‐38の訓練をすることは文字通りのリスクでしかない。それでも若田は、T‐38の搭乗にこだわった。そして粘り強く主張し続けた結果、NASAとJAXAは、最終的にT‐38の飛行訓練を了承したのである。

最初は英会話の訓練だった

駆け出しのころの若田にとって、T‐38訓練は何より「超絶難易度」の英会話訓練だったという。コックピットの中で交わされる会話は、地上管制官とのやりとりも含めてすべて英語。しかも無線を介した、いわゆる航空英語である。専門用語や略語が飛び交うだけでなく、とにかく早口。しかもエリントン・フィールドの場合、主にアメリカ軍やNASAが使用する〝ローカル〟空港のため、無線でもネイティブ前提の手加減のないコミュニケーションが行われる。それはたとえネイティブスピーカーであっても、すべてを聞き取れるようになるまでには「慣れ」がいるほどのマシンガントークだ。

宇宙飛行士に採用されて間もないころの若田は、この無線のやりとりをほとんど聞き取れなかったという。ずいぶんと落ち込んだものだと、本人も語る。

「特に苦労しました。交信するのはVHFのラジオで、通信機を使いますけど、その周波数が5桁なのです。たとえば、134・45とか。それを管制官が言ってきます。次の周波数は134・45ですよと。ワンスリーフォーフォーファイブ。それだけでも聞き取れないんです。あれ、今、何言っているんだ？　簡単なね、電話番号よりも短い5桁ですよ。それを速く言われると何言ってるか全然わからなくて、3回ぐらい『何言ったのかもう1回言って』って管制官に言うと、そのあと、向こうが黙っちゃうぐらいで、ちょっとこれは辛いな、と。非常に単純な5桁の数字が聞き取れないというのが、初めのころはありました」

「わかるように、ゆっくり話してくれないか」。恥を忍んでそう頼むと、さらにショックを受けることになったという。

「ゆっくり言ってくれた人もいますけども、本人はゆっくり言っているつもりだけど、私にはまだ速すぎるっていうのが結構あって。でも、そのときもすごいショックですよね。こんな簡単なこともわかんなくて、難しいマニュアルをたくさん読んで予習してくるんだけれども、全然理解できてない」

若田の日本航空時代の同期、水間洋一も、この訓練で味わった辛酸を本人から打ち明けられていた。

「若田が日本に一時帰国し、2人きりで飲みに行ったときのことです。彼がT-38の訓練でぶち当たっている壁について語りました。『英語で交わされる通信内容がまったく聞き取れないんだ』と。訓練を終えて、家への帰り道で、1人で車を運転しているとき、涙がポロポロ出てくるんだと。

そして涙が出てきたとき、なぜか日本の『♪ポッポッポ　ハトポッポ♪』の歌が、口からついて出てくるんだと言っていました。今は日本を代表する宇宙飛行士ですが、積んできたのは並大抵の努力ではなかったのではないでしょうか。アメリカという異国の地で一人、あの歌を口ずさみながら涙を流していた彼の心中を察すると、私自身、今でも胸に来るものがあります」

超絶難易度の、英会話訓練。

T-38訓練は、新人のころの若田にとっては、緊急対処能力以前の、英語の訓練だった。強い危機感を覚えた若田は、教官に頼み込み、訓練中に交わされたやりとりの音声をすべてテープに録音してもらったという。そして行き帰りの車の中などで、時間を見つけてはそのテープを再生し、聞き取れるようになるまで何度も聞き返した。中には、すりきれそうになるまで聞いたテープもあったという。

若田が、その取り組みの成果を語ってくれた。

「半年くらい経ったころ、自分に起きた変化に気づきました。少しずつですが、管制官の言葉が聞き取れるようになったんですよ」

そして若田は、続けた。

「私にとっては、それは大きな壁でした。しかし壁にぶち当たって苦しんでいるときこそ、自分が一番、成長しているのではないかと思うのです。その壁を乗り越えるために、一生懸命もがいて試行錯誤する。そしてその試行錯誤の末に、自分自身の手で苦労して体得した、壁を乗り越えるための『対処法』というのは、その後、別の新たな壁にぶつかったときも、必ず役立つ『対処法』になると、私は思っています」

若田の英語力は、今、NASAでは最高レベルの「S」と評価されているという。

宇宙飛行の直前、T-38にあらためて乗り組む若田。

船長として、新たに直面した「壁」を乗り越えるためのきっかけを得ようとしていたのかもしれない。

自分の置かれた状況の把握

訓練当日、若田は、開始予定時間の午後1時ぴったりに、教官のパイロットと一緒に姿を現した。機体の点検を終えた若田は、コックピットに乗り組み、後部座席に座った。私たちは機内に小型カメラを合わせて3台、設置していた。1台は機体の前方に向けて。2台目は若田に向けて。そして最後の1台で、機内での通信の様子を記録した。

若田が乗り組んだT-38は、ゆっくりと動き始めた。

ヘルメット姿の若田は、口元に酸素マスクを装着。機体は誘導路を進み、私たちがいる場所からどんどん離れていく。

若田のT-38は、滑走路の端で一旦、停止した。細長い機体は、太陽の光を浴び、白く浮かび上がっていた。白地の機体には青いラインが1本だけ。尾翼にはNASAのロゴがあり、宇宙飛行士の機体だと強くアピールしているようにも見えた。

機体は前進を始め、どんどん加速し、すさまじい轟音とともに離陸した。機体はどんどん私たちから離れていった。わずか数分で、望遠レンズでも捉えられなくなった。

「よく機内を撮影できましたね。懐かしいです」

そう話すのは元宇宙飛行士の山崎直子。若田が乗り組んだT-38に設置した小型カメラの映像と音声を彼女に見せると、弾んだ声で言った。

山崎は、2010年にスペースシャトルに乗り組んだ元宇宙飛行士だ。1999年、星出彰彦、古川聡とともに宇宙飛行士候補に選ばれた。女性としては向井千秋以来2人目の日本人飛行士で、スペースシャトルに乗り組んで宇宙へ行った最後の日本人でもある。

Ｔ‐38訓練で、若田が何を問われ、何を鍛えているのか。そこで、経験者である山崎に分析を依頼したのである。

その山崎は、Ｔ‐38で鍛えるのは、「自らが置かれた状況を把握する能力」だと言い切る。

「Ｔ‐38の訓練は、『正確な状況把握』が何よりも重要です。特に操縦しているときは、管制官との交信はもちろん、管制官と他の飛行機との交信にも耳を傾けねば、自分が今、どこでどのような状況に置かれながら飛行しているのかがわかりません。


さらに、刻一刻と変わる状況を、遅れることなく確実に把握しなければなりません。天候を観察しながら、飛行ルートを変更する必要がないかどうかを常に考慮しなければならない。さらに計器類に目を配り、機体に異常が起きていないかにも注意しておく必要があります。つまり、身の回りにあるすべての情報をフルに活用して自分の今の状況を把握し、その都度その都度、最良の判断を下し、時にはその判断に修正

宇宙での山崎直子元宇宙飛行士

を加えるなど、臨機応変に対処していくことが求められる訓練です」

今の自分を客観視し、置かれた状況に応じて判断を下す。そして下した判断を常にモニタリングし、必要であれば修正を加え、臨機応変に事態に対処していく。緊急事態への対処も、これが基本である。

ここでずばり、宇宙飛行士に求められる最も重要な資質の一つである緊急対処能力について山崎の考えを尋ねてみた。

「宇宙でもし、命に関わるような緊急事態が起きたとき、すさまじい恐怖と不安、そしてプレッシャーに襲われると思います。状況も刻一刻と変化していく。それだけに状況認識を誤って、一つの判断を間違えたり、ミスをしたりすると、自分を含め仲間の命が失われるかもしれません。その万が一のときに宇宙飛行士に一番求められるのは、冷静でいること、動じずにいることです。その冷静さを身につけるために、さまざまな訓練が幾度も行われます」

「確かに、若田さんのようなベテラン宇宙飛行士は、経験も実力も世界屈指です。状況認識と判断力も抜群。しかし緊急事態では、限られた時間と情報の中で、平常時と同じような冷静さで判断を下すことが求められます。そのためには、緊急事態を何度も何度も経験し、何よりも『慣れ』なければなりません。そして緊急事態における、自分特有の弱点や課題を洗い出し、それを修正していかねばなりません。その洗い出しに最も適しているのが、T-38訓練なのです」

細かく多様な作業を瞬時に行う

小型カメラが捉えた若田。

離陸してからそれほど時間が経たないうちに、教官は若田に操縦を任せると伝えた。

「よし、操縦桿を渡すよ」

「了解、操縦を引き継いだ」

若田は、設定された飛行ルートにしたがい、東方向に機体を向けた。

山崎が指摘した通り、機内での作業は、慌ただしい。

まずは管制官との交信の様子。かなり注意深く聞いていなければ、事態の進行がわからなくなるくらい複

訓練機内の若田

若田から見た視界

雑で専門性の高い会話である。

次に計器類のチェック。若田は、自分の前にある複数の計器類に常に目を配る必要があった。高度計、エンジンの出力、燃料。映像では、若田が定期的に、各所にある計器を確認していることが、頭の小刻みな「上下左右」の動きでわかる。

そして、飛行ルートの確認。若田の手元には、今回の飛行に関するデータがあり、ルートを参照することができる。それに時折、目を落とし、高度計や方角などの計器類もチェックしつつ、予定通りに飛行できているかを確認しなければならない。

さらに、天候。大きな積乱雲があり、飛行に影響する懸念があれば、管制官と連絡をとって飛行ルートを変えなければならない。このとき、他の機体が周りで飛行していないか注意する必要がある。

若田は、悪天候への対応を求められた。

教官「右に飛行ルートを20度、変えようか。この嵐の中を飛びたくない」

若田「了解、右ですね」

教官「そうだ。この天候は避けたい。見えるか？　管制官に伝えて」

若田「了解。こちら９０４番機。悪天候を回避するため、右に飛行ルートを変更する」

管制「了解。904番機。周辺状況を確認して任意の方向に変更せよ」
教官「よし……。ほら、見なよ、この雲の中は、やっぱり飛びたくないよね」
以上、1分もかかっていないやりとりと、操縦である。

鍛えるものは旅客機パイロットと同じ

若田のもとには次から次へと、新たな情報がもたらされていた。

管制官との交信、周辺にいる他の機体の位置、計器類が表示するデータ、天候。すべて総合的に考慮して最良の判断ができなければならない。そして、その判断が後の飛行に影響を及ぼし、新たな状況が生まれる。それに応じた新たな判断が、さらに求められる。

しかしこの訓練、普通のパイロットのそれと何が違うのか。

「鍛えようとしていることは、パイロットとまったく同じですよね」

前回の「宇宙飛行士選抜試験」を受験し、最終選考の候補者にまで残った一人、白壁弘次はそう答えた。

白壁はANAのパイロットで、ボーイング737‐800型機の機長を務める。およそ200人の乗客の命を預かる立場にあるベテランパイロットだ。

「パイロットとして最善の判断をするためには、まずは自分が今、どのような状況に置かれているのかを正しく把握できなければなりません。そのためには、『先入観』や『思い込み』を排して物事を見る謙虚な姿勢が必要です」

「身の回りの状況が自分にとってどれほど都合が悪く、たとえ絶望的なものであっても、それをありのままに受け入れて現実的な対処法を考え、実行に移すことができるような冷静さが欠かせません」

白壁が最初に指摘したことは、山崎と一緒である。

続けて、機長として常にリーダーシップを発揮しなければならない立場にいる人間ならではの指摘をした。

「さらに、機長のようなリーダーに必要になるのは、『自分の判断が間違っているかもしれない』という自覚です。副機長など周りの人間が忌憚なく意見できるような環境を常に整え、自分が間違っていることが明らかになった場合、プライドを捨ててすぐに周りの意見を取り入れ、自らの判断を修正する『度量』と『柔軟さ』を持っていなければならない」

「これらの要素はすべて、『状況を把握する力』という一言にまとめられると思います。自分の不確かさを自覚した上で、状況を正しく理解しようとする強い意志を、どんな非常時でも常に持てるようにすること。それこそが、このT－38訓練の目的ではないでしょうか。私たちパイロットも同様の訓練をして、状況把握力を磨いています。だから重要な宇宙飛行の前に、この訓練を行うことにこだわるという若田さんの姿勢にはとても共感できる」

自分を客観視できれば、自分が判断を間違う可能性への自覚と、他者の意見を受け入れる度量も生まれる。それは結果として、より確かな次の判断につながっていく。

白壁の話す姿勢からは、パイロットという仕事、そして機長という職務への真摯さがひしひしと伝わってくる。

視野を広げて全体を見ること

その白壁が、宇宙飛行を目前に控えた若田にとってのT－38訓練の意義を読み解いてくれた。

「若田さん、首をかしげていますね。何かあったんでしょうね」

白壁が指摘した。

確かに若田の頭が、向かって右に2回ほど、目に見えて傾いたときがあった。

離陸してからおよそ20分後、若田の機体は、エリントンから直線距離でおよそ160キロ離れた、ビューモントにある空港の上空に接近していた。

若田はこの空港の滑走路へ、着陸時のような進入角度で降下しながら、滑走路上空で再び急上昇する「フライバイ（fly-by）」を行うことになっていた。すなわち、着陸の直前で一気に上昇するという機体の操縦が求められていたのである。

周囲に他の機体はないか。

着陸に影響するような気流はないか。

着陸のときは、特に緻密な状況把握が求められる。T－38訓練の場合、自動誘導システムなどに頼らないため、若田自身の腕に任されていた。

エンジンの音の変化を聞いた白壁は、さらに指摘する。

「エンジンの出力を調整していますね。ここで調整するのは少しおかしいな。順調に降下していればエンジン音は一定のはずですから」

一体、何が起きたのか？

コックピットの計器パネルの中央にある液晶モニター。ここには、機体の計器が測定した「高度」や「速度」などのデータがわかりやすく模式的に表示される。パイロットは自分が今、地上から見てどのような姿勢と速度で飛んでいるのかが、直感的にわかるようになっている。

　この画面のデータに基づいて操縦桿を動かせば、理想的な飛行ルートに合わせて飛ぶことができる。他にも「タコメーター」と呼ばれる、実測値を針で示す昔ながらのアナログの計器類が備え付けられているが、液晶モニターだけを参照していても機体を操縦できるようになっている。

　実際、若田は、液晶モニターにしたがって機体を降下させていた。

　ところがタコメーターの高度計は、液晶モニターの高度よりも低い数値を表示していたようだ。こうした場合、アナログで仕組みがシンプルなタコメーターのほうが信用性は高く、こちらを基準にすべきだ。よって、液晶モニターの情報に何らかの理由で「ズレ」が生じたことが考えられ、その情報をもとに降下していた若田は、予定より早いスピードで滑走路に向けて降下していたことになる。

　その「ズレ」に気づいたとき、若田は首を傾げたのだろう。そして高度を戻そうとエンジンの出力を調整した。それによって生じたのが、白壁の指摘するエンジン音の変化だったことになる。

　操作後、機体が一定の高度を取り戻したところで、教官が指摘した。

教官「今のうちに言っておきたいのは、全体状況を把握するためにもっと視野を広げて、注意すべき点が他にも多くあるということだ。モニターのデータは参照していたと思うが、タコメーターの数字は見ていた?」
若田「はい。タコメーターを見たら、モニターのデータよりも低い高度で飛行していることがわかりました。それで、モニターのデータがズレていることに気づきました」
教官「よし。ありがちなのは、モニターに表示されているデータがズレているのに、いざそれは修正されると思い込んで、そのままモニターを頼りに飛行してしまうことだ。『ズレは少しだけだ』と思っていても、いつのまにか必要以上に降下していて、その結果、避けなければならなかった状況に陥ってしまう」
若田「そうですね」
教官「私の場合、モニターも参照するが、タコメーターの数字、つまり実測の数字を頼りに飛行する。モニターのデータがズレてしまうという事態が起こり得るから」
若田「はい」
教官「視野を広げて全体を見る。今後の飛行の参考にしてほしい」
計器のわずかな誤差が招いた、1つの異常な事態。

結果として、若田は無事に対処することができた。しかし、ベテランパイロットの教官の指摘は、視野を広げて思い込みを排除し、より全体が見えていれば、この異常な事態にそもそも陥っていなかったかもしれない、ということだった。全体を見るということはすなわち、今の自分の視点から一歩離れ、先入観にとらわれずに状況を客観視することだ。

「とても参考になる指摘です。ありがとう、いい経験をさせてもらいました」

教官のアドバイスが骨身にしみていることをうかがわせる若田の応答だった。

異常事態を回避した若田の対応に、間違いはない。教官も、若田の判断を誤りだとは言っていなかった。

しかし若田は、より良い判断、より良い対応を求めて、一つでも多くの緊急事態を経験して学び、向上する機会を求めていたのである。その模索の中で得られた、新たなアドバイスだった。

「より良いリーダーになりたい」

貪欲にさらなる高みを求める若田の姿勢が、宇宙飛行２カ月前のＴ‐38訓練に表れていた。

第5章

「和」の調整力

失敗が許されない恐怖

かなり前のことになる。

2009年8月。若田が前回、3回目の宇宙飛行から戻ってきたときのことだ。日本人初となる宇宙での4カ月間に及ぶ長期滞在を終え、テキサス州ヒューストンのジョンソン宇宙センターに戻ってきたばかりの若田に、単独でインタビューする機会があった。

「長期滞在、決して楽ではなかったのではないですか」

そう尋ねると、若田は静かな口調で、時折、下を向きながら次のように話した。

「私にとっての最大の恐怖は、『失敗が許されない』ことでした。厳しいスケジュールの中で手順が細かく決められた作業を、同時にいくつもこなさなければならない。空気のバルブの操作を一つ誤るだけで死につながる世界です。だから精神的にきつく、大変です。そのプレッシャーはとても大きく、地上に帰還したあともしばらくは緊張が続いていました」

このときの若田の表情は、疲れと安堵が入り混じったような複雑なものだった。

そして次の4度目となる宇宙飛行、つまり今回の宇宙飛行を目指すかどうかについて、このときは、明確な意欲を示さなかったのが印象的だった。

「日本には、私以外にも優秀な宇宙飛行士がいます。若手で、まだ宇宙飛行を経験していない人もいます。彼らのチャンスを奪うわけにはいきませんし、その意味で後進に道を譲らなければならないかな、とも思っています」

当時採用されたばかりだった油井亀美也、大西卓哉の2人に配慮した発言を、若田はしていた。

多くの人が「行きたい」と夢見ても、ごく一握りの人間にしか行くことのできない宇宙。そこへ3度も行き、最も慣れているはずの若田が語った、プレッシャー。

日本を代表して宇宙に行く。その人間が背負うものの大きさを、若田は初めて明かしてくれたように思えた。

リーダーではなかった幼少時代

最後のT‐38訓練より少し前、宇宙飛行3カ月前の2013年8月3日。

私たちはさいたま市にいた。若田が日本に一時帰国し、地元に戻っていたからだ。

同日午後6時。さいたま市にあるホテルのパーティー会場。「生誕1／2世紀を祝う大同窓会」の横断幕が壇上に掲げられていた。

38年前、浦和市（現・さいたま市）の別所小学校と宮原小学校を卒業した人たちによる同窓会だった。みな50歳＝生誕1／2世紀を迎え、頭は白髪交じり。腹回りも、立派に成長している人が多い。

１２０人が久しぶりに集った会場に、若田がふらっと姿を現した。若田は別所小学校に通った生徒の一人だ。

袖をまくし上げたワイシャツにスラックス。同級生たちが一斉に駆け寄ってきた。

「若田君、久しぶり〜！」

「全然、変わらないねぇ」

もともと笑顔だった若田の表情。みなの姿を見つけると、その表情はさらに、明るくなっていた。

若田の生まれた１９６３年（昭和38年）当時の日本は、高度経済成長のまっただ中。当時の大宮市（現・さいたま市）も、東京のベッドタウンとして大規模な開発が始まっていた。１９７０年ごろは、ザリガニ釣りなどもできたという。子供のころにみんなで熱中した遊びの数々。その思い出話で、若田たちは大いに盛り上がっていた。

若田はどんな子供だったのか？

「正直、船長になると聞いて驚きましたよ。全然、リーダータイプじゃなかったから」

そう答えたのは、丸山光晴。現在は住宅建設業を営む社長だ。今も若田とメールでやりとりを続けているという。小中学校のころは放課後に、互いの家に通い合うほどの仲の良さで、当時の若田をよく知る人物である。

「船長なんていうイメージとはまったくかけ離れていました。いつもニコニコしていたので一緒にいて楽しいし、居心地のいいやつだったんですが、自己主張をしてみんなを引っ張っていくタイプではなかった。むしろ文句を言わずに、リーダーについていくタイプだった。そういう意味では、目立たないやつでした」

丸山以外の多くの同級生も、幼少期の若田は、周囲を引っ張っていくようなリーダーのタイプではなかったと異口同音に答えた。

しかしある女性の同級生は、若田が中学１年生のとき、生徒会長に立候補して落選したことを教えてくれた。その女性にとっても、若田の立候補は意外だったという。

「とてもびっくりしました。そんな思いがあったなんて、全然、知らなかったので。普通は中学２年生が立候補するのにまだ中学１年生だし、特別に目立つ生徒でもなかったから無理だと思ったけれど、みんなでポスターを作ったりして応援したのを覚えています」

女性の話を聞くと、若田ははにかみながらこう答えた。
「いやあ、落選しましたし。でも、あのとき、『やっぱり自分にはリーダーは無理だ』と思いましたよ。以来、路線変更することにしたんです」

信頼を集めたのは取り組む姿勢

若田は、高校や大学、それに就職してからも、リーダーのタイプとは見られていなかったようだ。

1989年、九州大学の大学院を修了した若田は、日本航空の整備士になる。本社の技術部に配属され、新たに納入された機体の改良業務を担当。ボーイングなどの旅客機メーカーから納入された機体の一部を、日本航空のパイロットや客室乗務員が取り扱いやすいように改良するため、日夜、設計業務を担当していた。

成田空港でLCCのジェットスター・ジャパン整備本部の副本部長（当時）を務める、水間洋一。水間は、若田と同じ年に日本航空に入社した同期の一人だ。入社当時に若田と一緒に働いていて、若田が宇宙飛行士になった今も家族ぐるみの交流が続いている。

「若田は自分から『おれが、おれが』と出ていく感じでは決してなかった。カリスマ性があったわけでもなかったですね」

水間は、当時の若田を振り返る。その中で、あるエピソードを明かした。入社して１年後、水間が若田とともに、機体の扉の改良に取り組んだときのことだった。

このとき若田は、本社の技術部で機体の扉をどう改良すべきか考え、設計図面を描く立場にあった。一方の水間は、羽田の整備場に勤務しており、若田が描いた図面をもとに、機体の改良を行う立場だった。

通常、若田のような本社の技術部に詰める設計担当者は現場に赴く必要はなかったと、水間はいう。しかし若田は、毎日のように羽田の工場に足を運んだという。そして水間とともに機体を見ながら、扉をどのように改良すべきか議論を重ねたことが、強く記憶に残っているというのだ。

「ああでもない、こうでもないと、２人で試行錯誤を繰り返しました。作業が徹夜になることも多かった。しかし彼は現場で、私たち整備士と一緒に作業に当たるという姿勢を崩さなかった。

あのときの若田は、設計が実際にうまくいくのか、最後まで見届けたかったのでしょう。それがたとえ自分の担うべき業務でなくても、一緒になって真剣に取り組んでくれたんです」

水間は、若田の「仕事に対する姿勢」に感心させられたという。

実際、若田の真剣な姿勢は、次第に水間以外の現場の整備士たちの心をつかんだ。当時の若田は、入社してあまり年月も経っていない、ヒヨッコの身である。旅客機の安全を直接預かる整備士たちの信頼を勝ち得ることは、通常、簡単ではなく、異例のことだった。

足繁く現場に通い、自分の職責を超えてベストを尽くそうという若田の姿勢は、結果として、現場の人たちとのコミュニケーションを積み重ねることになった。そしてそのコミュニケーションが、次第に整備士たちの心を動かし、最後は誰もが「若田の言うことなら聞こうじゃないか」と思うようになったと、水間は言う。

「すべての物事に、真正面から取り組む彼の誠実な姿勢は、先輩、後輩を問わず、全員から信頼を集めていた。『他人が認めて初めてリーダーになれる』という言葉があると思いますが、宇宙飛行士になっても、何にでも一生懸命に取り組む姿勢で、どんどん相手と関わっていき、そのプロセスを通じて周囲の信頼を集めていったのではないでしょうか。それが、彼を最終的にリーダーに押し上げた理由なのではないかなと、私は思っています」

多様な考えを尊重

自らが目指すリーダーシップついて語るとき、若田はある言葉に強いこだわりを見せた。

「和」の心。

取材のたびに、若田はこの言葉を口にした。

「日本人らしい、和の心を大切にしたい。ハーモニーを大切にしたい」

しかし「和」のリーダーシップとは一体、どのようなリーダーシップなのか。

若田に尋ねてみた。

「最初から妥協し合うのではなくて、異なる意見があってもいい。『自分はこうしたい』と自由に言い合えて、それが最終的にチームとして『こういうふうにしていこう』と、自然にまとまっていくというのが、究極の『和』です。私が目指したいのは『和』のチームワークであり、それを実現させるのが『和』のリーダーシップだと思っています。

『やっぱり自分はこう思う』ということがあれば、チーム内でどんどん言い合う。その上でチームとして最終的に、1つの方向に持って行く。いろいろな意見を述べ合う機会があって、その上でみんながわかり合えるようになるまでのプロセスがとても大事だと考えています。

そしてその『和』のチームワークに至るまでには、メンバーどうしのコミュニケーションを数多く積み重ねなければならないと思っています」

ISSには、国家間のパワーバランスがそのまま持ち込まれる。つまりアメリカ、ロシア、日本、ヨーロッパ、そしてカナダの宇宙開発における力関係が、それぞれの国を代表する宇宙飛行士の立ち位置に反映されるのである。

たとえば若田と、アメリカ人宇宙飛行士、そしてロシア人宇宙飛行士の関係は、日本とアメリカ、それにロシアの3国関係と置き換えることができる。

「和」のエンブレム

このため、若田はチームメイト一人一人の性格をきちんと理解し、個人的な信頼関係を築くことはもちろん、それぞれが背負う国の立場や、日本を含む他の国との間の力関係も考えて指揮に当たる必要がある。

ISSで最も効果的なリーダーシップを発揮しようと思えば、国際社会、特に世界の宇宙開発における日本という国の「立ち位置」と「力」のほどをしっかり把握し、それを踏まえた船長であらねばならない。若田が船長になったのは、彼一人だけの力ではなく、船長というポストを手繰り寄せる上で、日本の国としての「力」、政治力や技術力が不可欠だったからである。

今回の宇宙飛行＝ミッションのために、若田はエンブレムを用意していた。記者会見で披露されたそのエンブレムの中心には、「和」の一文字があった。

リーダータイプではなかったという若田が選んだ、「和」というテーマ。日本という「国」を背負い、アメリカやロシアといった宇宙大国と渡り合わなければならない中、日本人ならではのリーダーシップを実現したい。

その決意が込められていた。

緊急対処訓練パート２

ここで少し、時を遡りたい。

再び触れるのは、第３章で取り上げた緊急対処訓練の一幕だ。若田が目指す「和」のリーダーシップへの理解を深める上でも、緊急対処訓練は助けになるからである。

その前に、少しおさらいをしたい。舞台はアメリカ・テキサス州ヒューストンのジョンソン宇宙センターにある、ＩＳＳの実物大模型（モックアップ）だ。緊急対処訓練の参加者6人は、以下の2つのチームに分かれている。

若田率いるマストラキオとチューリンのチーム。それにスワンソン率いるスクボルソフとアルティミエフのチーム。

実際の宇宙空間での一日を想定し、何が起こるか若田たちには知らされていないという設定である。

6人のうち、若田とスワンソンはアメリカのモジュール「デスティニー」にいた。船内で異常事態が起きたとき、拠点として活用することになるモジュールの一つだ。

一方、「ビルディング9」の一角に設けられた管制室。ここは、地上管制官（フライトディレクター）が常に在席し、ＩＳＳへ指示を送る管制室を模した部屋だ。

壁のように立てかけられた8つの大型液晶モニターは、ＩＳＳのモックアップの内部を映し出していた。

モニターの映像は管制室で自由に切り替えることができ、モックアップに設置されている多数の監視カメラの映像を引っ張り出すことができる。訓練のリーダーを務めるマイク・ジエンセンは、頻繁にカメラの映像を切り替えながら、どこに誰がいるのかを確認していた。

私たち取材チームも、2手に分かれて取材・撮影を行った。1つの班は、若田たちとともに、モックアップの中に。もう1つの班は、ジェンセンのすぐ脇に。

するとジェンセンが、私たちに声をかけた。

「訓練、難しくしないとね。じゃないと私たちも、給料分、働いたことになりませんからね」

フライトディレクターという仕事。多少、意地が悪くないと務まらないのかもしれない。

ISSにおける3種類の異常

そのジェンセンとの会話から、およそ5分後。

「ビーッ！　ビーッ！　ビーッ！」

異常が起きたことを知らせる警報音が、「ビルディング9」に響き渡る。

「デスティニー」の若田はまず、パソコンに目をやる。ISSの中にあるすべての装置の運用状況が調べられる端末だ。ただちに対処しなければならないような表示が見当たらなかったのか、若田はすぐにモジュールの上方にある壁に目を向けた。

若田が目を向けた場所は、「デスティニー」と隣のモジュール「ノード1」をつなぐ連絡

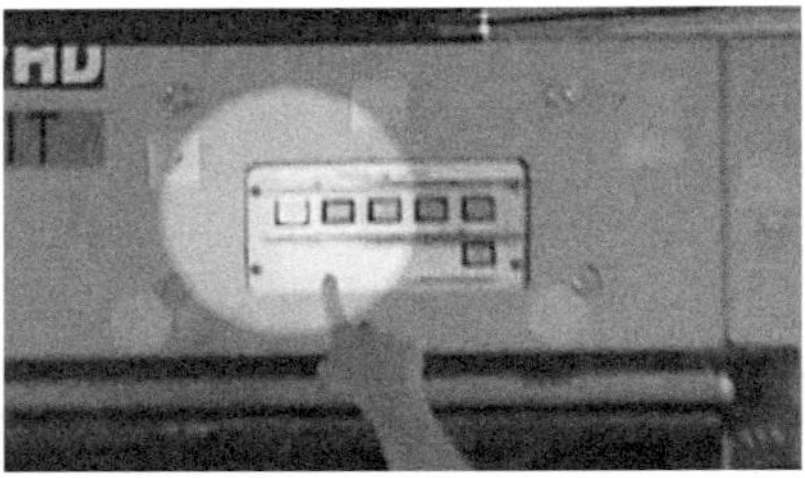
点灯する「火災」のボタンを指差す若田

口の上側にある「壁」だった。そこには小さな「操作パネル」がある。

パネルには、異常事態の種別を知らせる3つのボタンがあった。それぞれ、①火災、②減圧（空気漏れ）、③有毒ガス（異臭）と書かれていた。

突然鳴った警報だが、鳴るパターンはこのとき2通りあった。「自動で鳴る」か、「宇宙飛行士がボタンを押して手動で鳴らせる」か、だ。

ＩＳＳ内の各所では、煙などの探知や気圧の変化などの測定が常に自動的に行われている。自動で鳴ったときは、基準を超える数値が検出され、「異常」と判断された場合である。

どんな異常が検知され、警報が鳴ったのか、すなわち①火災か、②減圧（空気漏れ）か、③それとも有毒ガス（異臭）かは、それらに該当するボタンが点灯することでわかる仕組みだ。

同じボタンを配した操作パネルは、ＩＳＳのほぼすべてのモジュールにある。だからどこからでも警報を鳴らせるし、何が原因で警報が鳴っているのかを、点灯しているボタンの種類から推測できる体制になっている。

パネルに目を向けた若田は「火災」のボタンが点灯しているのを確認した。

そしてスワンソンに、

「OK。火災、ということだね」

と、事実をそのまま伝えた。

警報を止める操作をてきぱきと終えた若田。すかさずパソコンの横にあった通信装置を手に取り、地上管制室に報告した。

「ヒューストン、ISSだ」

ジェンセンは、淡々と返す。

「ISS、ヒューストンだ。火災の警報を確認。マニュアルを参照して対処のこと」

無線を切ったあと、しばらくしてジェンセンはニカッと笑う。

そして、つぶやいた。

「みんな、何で『火災』の警報が鳴ったのかを、まずはちゃんと調べた方がいいと思うけど」

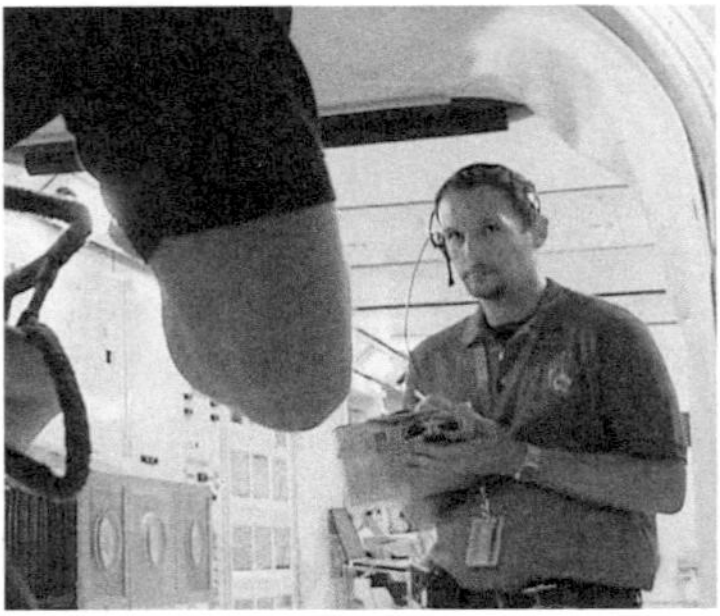
グリーンカードを出す管制官

訓練の「火災」も実際に起こすのか？

今回、なぜ「火災」の警報が鳴ったのか。

若田が、鳴り響く警報を止める前、一方の日本の実験棟「きぼう」では、何かが吹き出すような音が出ていた。

「プシューッ！」「プシューッ！」

「きぼう」の壁にあった通気口が、音の発生源だった。しかし、有色の煙、たとえば黒煙などが出ていたわけではなかった。このため、何が起きているのかがわかりにくい。

このとき「きぼう」にいたのは、スワンソンチームのスクボルソフとアルティミエフ。何らかの異常が起きていることに気づいた2人。同じ「きぼう」にいた、訓練担当の管制官に目を向けた。この管制官、2人の邪魔にならないように「きぼう」の端に身を置きながら、2人の緊急対処を逐一、記録していた。

管制官が訓練を受ける宇宙飛行士たちと同じモックアップの中にいるのには、理由がある。元宇宙飛行士の山崎直子によれば、「グリーンカード」という、訓練に関する追加の情報を提示するためだという。

「緊急対処訓練では、管制官もモジュールの各所に配置されています。宇宙飛行士一人一人の判断や行動が的確かどうかを、その場その場で審査していくのが主な仕事ですが、さらにモックアップの施設では、炎や有毒ガスなどは実際には発生させられないため、たとえば『実際に煙や火が見えている』といった状況設定を宇宙飛行士にその場で補足したりする役割も担っています。そうした追加の条件や指令が記載されたカードを『グリーンカード』といい、管制官から宇宙飛行士に提示されるのです」

スクボルソフの目は、管制官に、今の状況に関する追加の情報、まさに「グリーンカード」を求めていた。

その期待に応えるかのように、管制官は新たな「グリーンカード」を提示した。

「火も煙も確認できない。しかし何かが燃えるような『異臭』が出ている」

追加の情報を得たスクボルソフとアルティミエフ。

しかし2人は、「異臭」ではなく、即座に「火災」と判断してしまったのである。

そして若田ら他の宇宙飛行士と、地上に伝えるため、パネルにある①火災、②減圧（空気漏れ）、③有毒ガス（異臭）の3つのボタンのうち、「火災」のボタンをただちに押して、警報を鳴らしたというわけだ。

しかし若田は、このプロセスを知らない。「デスティニー」と「きぼう」は少し離れていて、互いの作業は見えないし、会話も聞こえないからである。このため若田は、警報とパネルで点灯していた「火災」ボタンのみを根拠に、火災の対処に入っていた。

若田はまず、全員に「デスティニー」に集合するよう呼びかけた。

事態に応じた初動の違い

「デスティニー」に1人、また1人と集まってくるクルーたち。

若田とスワンソンは共同で作業を進めていた。若田は地上と交信しながら、「きぼう」のハッチを閉じるようマストラキオに指示。パソコンを使ってISSの運用システムに入り、火災の発生元を特定する準備も始めていた。一方のスワンソンは、自分たちがいる「デスティニー」でも煙が発生していないか、このまま緊急対処の拠点として使い続けられるのか、ガス検出器を使った測定などの安全確認を進めていた。

そのとき——。

5分ほど前、スクボルソフに「グリーンカード」を提示し、訓練の追加の情報を伝えた管制官が、今度はマストラキオに対しても、同じグリーンカードを提示した。

「火も煙も確認できない。しかし『異臭』がある。繰り返しになるが、これが条件だ」

突然、グリーンカードを提示されたマストラキオ。その内容は、スクボルソフとアルティミエフに提示されたものと同じである。しかし言い回しが、少し違う。

違和感を持ったのか、マストラキオは管制官に近づき、あらためて確認した。

スクボルソフ（左）、若田（中央）、管制官（右）

「火も煙も目視できていないの？　『火災で』はなく『異臭』だけなの？」

管制官はニコッと笑い、うなずいた。

若田たちに伝えなければならない。マストラキオは、「デスティニー」へ足早に向かった。そして若田たちの姿を確認すると、叫んだ。

「まだ火や煙は発生していない。火災じゃない、異臭だけだ！」

それまで忙しく動き回っていた若田が、立ち止まった。

「えっ！　火はない？　煙も？　異臭だけ、ということ？」

手際良く見えたスワンソンたちの作業も、まるで急ブレーキが

2回目の訓練の配置図①

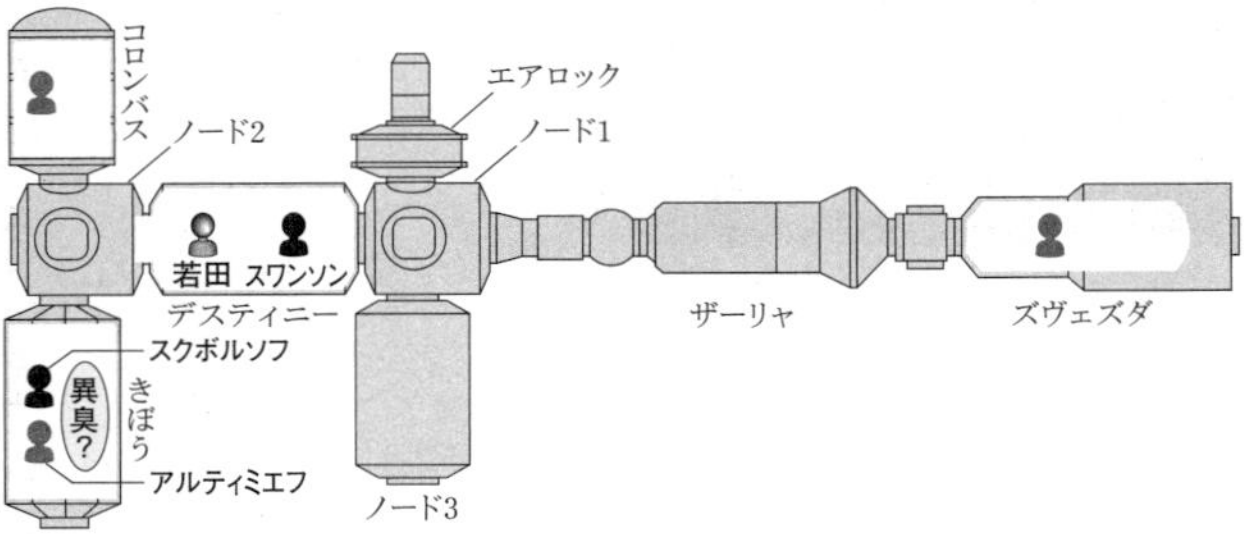

かかったかのように遅くなった。

一方の、管制室。

ジェンセンは、若田たちを映す監視カメラの映像を頻繁に切り替えながら、モニター越しに事態を見守っていた。

ジェンセンは、いたずらっ子のような笑顔を浮かべていた。そして私たちに、「異臭」の場合は有毒ガスの発生も疑われるため、火や煙がすでに見えているような「火災」とは異なる対応も視野に入れなければならないと説明した。

「だから言ったでしょ? 何で鳴ったのかを、まずは確認した方がいいって」

「異臭」の場合、アンモニアなどの有毒ガスが漏れ出た可能性を疑わなければならない。ISSは無重力状態であるため、人工的につくり出さない限り空気の「対流」が起きない。対流とは、温度差のある空気が、高い場所から低い場所へと、上下に入れ替わるようにして流れて動くことでできる「空気の流れ」のことで、重力のある地球では当たり前の現象だ。

しかし、対流がないときに起こり得るのは、ある場所で発生した有毒ガスが、その場だけに留まり続けることである。対流があれば有毒ガスは、部屋全体に拡散し、その分濃度は薄くなる。しかし対流がない宇宙では、非常に高い濃度の有毒ガスが、ある１カ所だけにしばらく留まっているような事態もあり得る。そこにタイミングが悪く人が来て有毒ガスを吸い込むと、一気に命の危険にさらされる可能性もある。

このため異臭が疑われる場合は、ガス検出器を用意し、ガスマスクを装着した上で、「何が原因で異臭が出ているのか」「どこで最も多く出ているのか」を最初に特定する必要がある。ＩＳＳの船内を動き回り、具体的な対策に乗り出すよりも、何よりも初めにマスクを装着し、自分たちがどのような事態にさらされているのかを把握することが先決になる。

一方、発生したのは煙で、火も目視で確認できるなど、火災が強く疑われるということであれば、すぐに消火に取りかかるべきである。当然このときも、火災に伴う有毒ガス、たとえば一酸化炭素などを不用意に吸い込まないようガスマスクを着け、その発生場所を特定する作業は行うが、火災という、より喫緊の問題への対応がまず求められる。

このため、火災しか想定せずに行動した若田たちは、「初動を誤った」とも言える。

なぜ、警報が鳴ったのか。誰がどのような判断で鳴らしたのか。その判断は、どんな根拠に基づくものだったのか。チーム内でそれらの情報が共有されずに、「火災」を前提にした対処が始まっていたからだ。

大事なのはミスのあとの対応

では、どうリカバーするのか?

ジェンセンはその一点に注目していた。

「緊急事態のときは一定のストレスがかかるのは当然で、それは状況把握や判断にも影響します。私たち管制官も、ミスが起きやすい事態を設定しています。だからこそ、自分があのときに下した判断は果たして正しかったのかと、過ぎたことをいつまでも悩むのではなく、変化する事態に応じてどんどん新たな判断を下し、状況を立て直していくことが重要なのです」

異臭とわかってから、およそ5分後。

再び「きぼう」で「プシューッ！」という、何かが噴出する音が出た。マストラキオが現場の様子を見に行った。すると今度は白い煙が、「きぼう」の壁と床の間にある通気口から、勢いよく噴出し続けていた。

「プシューッ！」「プシューッ！」「プシューッ！」

白い煙が、どんどん出てくる。

「きぼう」の中は、まるで霧がかかるかのように白くなっていく。

煙は、ジェンセンら地上管制室のチームが噴出させていた。事態を変化させ、若田たちに新たな対応を迫るためであった。

煙を確認したマストラキオ。若田たちに、大声で状況の変化を伝えた。

「今度は目視できる煙を確認！」

このとき、若田は地上と交信していた。そこでスワンソンが代わりに尋ねた。

「煙は見えるのか？」

マストラキオが応じる。

「そうだ！」

マストラキオとスワンソンのやりとりを聞いていた若田。そのまま管制室に報告した。

「ヒューストン、ＩＳＳだ。『きぼう』で今度は目視で煙を確認。火災対応に移る」

事態が「異臭」から、本当の「火災」に変わった瞬間だった。

前回の失敗を生かす

「デスティニー」に、６人の宇宙飛行士全員が集まった。

みな、ＩＳＳの船内の各所から酸素マスクや消火器をかき集め、テーブルの上にまとめていた。それぞれがマニュアルを手に取り、必要な手順を確認する。

「火災」である以上、火元の特定作業と消火活動を行わなければならない。

作業は再び、２つのチームに分かれて進められることになった。地上との交信、そしてパソコンを使った「煙」の発生元を探る作業は、若田とスクボルソフが担当。

消火に向けた準備と、他の場所でも有毒ガスが発生していないかを確認する作業には、スワンソンら４人がそれぞれ当たることになった。

一体、どの装置から煙が出ているのか。

スクボルソフとともに火元の特定を進める若田。スクボルソフにパソコンの操作を指示しつつ、同時に全体を見回して、もう１つのチームの作業を確認していた。

若田たちが特定作業を始めてから、およそ5分後。「きぼう」の中の装置の1つで、ショートが起きている疑いがあることがわかった。

そこで若田は、スワンソンたちに現場の状況を確認するよう指示する。

「君たち2人はマスクを着けて中に入ってほしい。どこから煙が出ているのか、火元はどこなのかを、より詳しく確認してくれないか?」

するとスワンソンは、「同じことを考えていたよ」と答えた。

実際、準備はすでに整っていた。スワンソンとマストラキオは、現場へ素早く向かっていった。

私たちの視線は、再び若田に戻る。

前回の緊急対処訓練のときのように、現場近くへ移ることを考えるのだろうか?

しかし今回の若田は、最初に司令所に指定した「デスティニー」からまったく動かなかった。自分から近づくことはせず、現場の確認と報告はスワンソンに任せていた。

若田はパソコン画面、スワンソン、そして現場の「きぼう」の方角へと、顔の向きを頻繁に変え、それぞれを定期的に観察していた。全体状況をできる限り把握しようとしていたことが、はっきりと見て取れた。

指示を出す若田（中央）、マスクをつけたスワンソン（右）

そしてスワンソンは、有毒ガスの検出状況について若田に定期的に報告していた。若田はそのタイミングを捉え、次の作業の進め方について司令所と現場の理解が一致しているか、スワンソンと確認し合った。

そして、それらの作業の進捗状況を逐一、地上管制室へリレーしていたのである。

仲間の危険を感じて現場へ

出火元を特定するための作業が進む中、スワンソン率いる4人のクルーは、「ノード2」に集まっていた。ノード2は、若田ら2人の宇宙飛行士がいるアメリカのモジュール「デスティニー」と、煙が出た「きぼう」の間をつなぐモジュールだ。

4人は酸素マスク、ガスマスク、有毒ガスの検出器、さらに消火器を持ち込み、いつでも消火に当たることができるよう、「きぼう」の入り口付近で準備を進めていた。

「ノード2」の内側は、縦横、高さがいずれも2メートルほどで、天井、壁、床、すべてが正方形だが、そんなに広くない。宇宙飛行士４人が入ると、ほとんど身動きが取れなくなる。

スワンソンとマストラキオはマスクを被り、「きぼう」のハッチを開けて中に入っていった。一方、チューリンとアルティミエフは、２人をいつでも支援できるようにと、ノード２から作業を見守っていたが、マスクは被っていなかった。

すると若田が、険しい表情でチューリンたち２人のもとにやってきた。若田がいた「デスティニー」の中にあるパソコンの前から、４人がいる「ノード２」の場所までは、直線距離でおよそ８メートル。２つのモジュールをつなぐ連絡通路は、１段ほどの段差を上ると同時に、しゃがんで歩かないと頭をぶつけてしまうほど間口が狭い。しかし、若田はその不自由さをまったく意に介さず、急いだ足取りで「ノード２」に向かった。

「有毒ガスの検出はしているか？」

若田はチューリンに問いかけた。

しかし、はっきりとした返事が返ってこない。そこで若田は、さらに強く言った。

「数値を測定して！『ノード２』の安全の確認も必要だから！」

チューリンとアルティミエフが、マスクを被っていなかったからこその指示だった。

「きぼう」で発生した煙や有毒ガスが、「ノード２」に一気に流れ込んできて、２人が危険にさらされる恐れがある。

若田はその危機感を抱いて、仲間に対応を強く促していたのである。

「危機感の共有」が試される

ちょうどそのとき、スワンソンが「きぼう」から出てきた。

「きぼう」での有毒ガスの検出数値を、若田に報告するためだ。スワンソンは、「一酸化炭素濃度の数値が特に高く検出されている実験装置がある」とガスマスク越しに若田に伝えた。

新たな情報を得た若田は、再び「デスティニー」に戻っていき、通信装置を手にした。

「ヒューストン、ＩＳＳだ。『きぼう』内に数値が特に高い装置がある」

地上に逐一、情報を報告する若田。そして無線の合間に、「きぼう」への電源供給を止める作業をスクボルソフに指示を出しながら進め、さらにスワンソンたちに対し、消火に向けた準備も指示していた。

「よし！　スワンソンとマストラキオはもう一度『きぼう』の中に入ってくれ！　チューリンとアルティミエフは消火器の準備を！」

このあと若田は、地上管制室にも消火に向けた準備を進めることを報告した。

2回目の訓練の配置図②

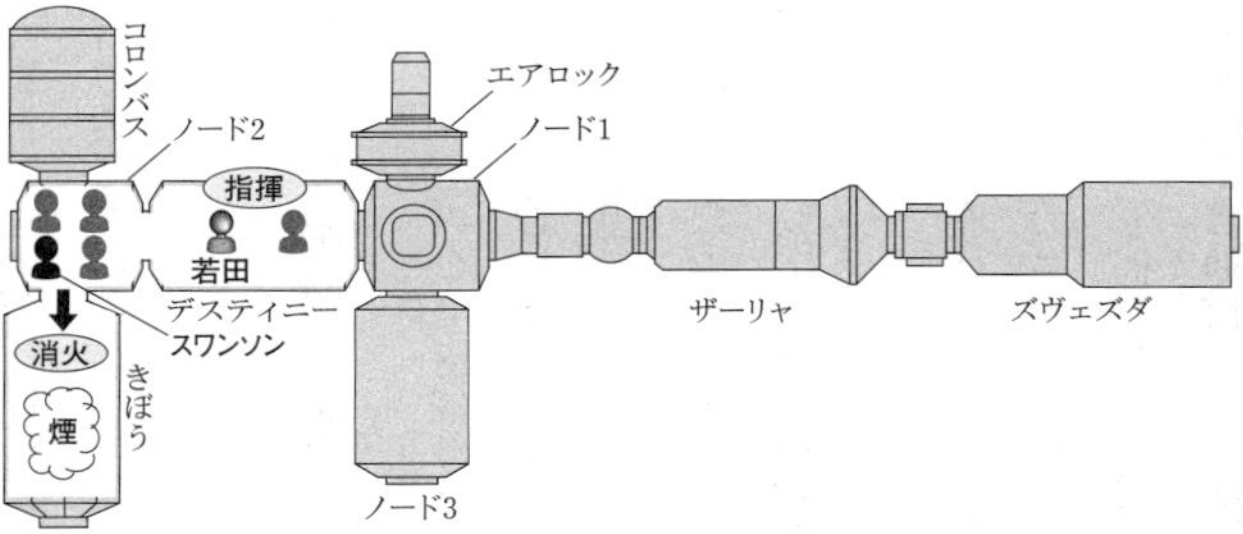

数分後、若田はスワンソンら4人がいる「ノード2」に目を向けた。

すると、「ノード2」の中が、以前よりもさらに白く曇っていることに気づく。「きぼう」から出た煙が、充満していた。

「ノード2」で作業をしていて、本当に大丈夫なのか？

若田は再び「ノード2」へ足を運んだ。そして同じ指示を、さらに厳しい口調で繰り返した。

「おい、みんな、ここがそもそも安全なのかしっかり確認して！　有毒ガスの検出器の数値は？　ここは大丈夫か？」

念を押す、若田。

仲間と危機感を共有できていないのかもしれない。でも有毒ガスが流れ込めば、全員が一気に体調を崩し、最悪の場合は死の危険性もある。

若田は繰り返し強い口調で指示を出すことで、仲間たちに身を守るための対応を促していた。

「命令」と「協調」のバランス

「ヒューストン。再び『きぼう』の中に入り、消火活動を開始する」

ガスマスクを装着したスワンソンとマストラキオが、消火器を手に「きぼう」の中へ入っていった。内部は煙が充満していて、真っ白だ。その後方、「きぼう」の入り口付近には、若田の指示に従ったのか、チューリンとアルティミエフが、同じくガスマスクを装着して待機し、「ノード2」の有毒ガスの有無を検出器で確認しながら、スワンソンらの作業を見守っていた。

一方、パソコンを使って、煙の発生源を特定し、「きぼう」への電力供給を止めることに成功した若田は、チューリンとアルティミエフの後ろまで来ていた。そして「ノード2」にも備わっている、管制室との通信装置を壁の収納口から取り出し、「きぼう」の中を見ながら、いつでも地上と通信できる体制を整えていた。

消火器を実際に使うことになるのは、マストラキオである。スワンソンは、マストラキオのすぐ後ろで作業の支援をしていた。スワンソンらしい合理的な判断だ。というのも、リーダー自らが消火活動に当たってしまうと、周りが見えなくなる。かといって入り口で待機していると現場で何か起きたとき、すぐには対処できない。マストラキオの後ろにぴたりとつきながら周りに目を配る様子は、全体状況の把握に努めねばならない船長の職責を背負った人間ならではの行動に見えた。

マストラキオは、出火元と見られる装置がある開口部に、消火器の先端に取り付けた長さ40センチほどの金属製の管を差し込んだ。消火剤をピンポイントで吹き付けるためだ。

「プシューーッ！！！」

マストラキオは、数回、消火剤を撒いた。

これを見届けた若田は、「きぼう」と「ノード2」全体を見渡しながら、手に持っていた通信装置を口に近づけた。

「ヒューストン、ISSだ。消火剤が撒かれた。『ノード2』の有毒ガスの数値も正常。このあと、『きぼう』のハッチを閉めて隔離

消火活動をするマストラキオら

する。全員、無事だ」

緊急対処をすべて終えたことを意味する若田の報告が、「ノード2」の中に響き渡った。

一方の管制室。ジェンセンが若田の通信を聞き、答えた。

「ISS、ヒューストンだ。消火剤の散布、有毒ガスの数値正常、全員の無事、了解」

そう答えたジェンセンは、無線機のヘッドセットを外した。

そして一瞬、笑顔を見せた。

訓練を終えた若田たち。「ノード2」から出て、管制室に向けて歩き出していた。


前回の訓練のときとの違いは？

私たちは、ジェンセンに訓練の感想を求めた。

「この2年間のコウイチを見ていると、どの程度『命令的』になってトップダウンで指示するのか、それとも『協調的』であることに徹して、みんなの意見を取り入れながら行動するのか、そのちょうどいいバランスを見つけるために試行錯誤しているようでした。その試行錯誤の過程で空回りすることもありましたが、今回の訓練では、一つの理想型を示せたのだと思う」

若田の中で最も成長したものは？

私たちは若田にも、前回の訓練と今回、どちらの方がうまくいったのかを尋ねた。

「どちらもうまくいきました。訓練の目的を達成できたと思います」

訓練は、本番の宇宙飛行に向けた準備である以上、課題を洗い出すことが目的だ。このためどのような訓練でも、意義のある訓練だといえる。さらに、見つかる課題が多いほど、その意義は大きくなる。若田が答えたように、「どちらもうまくいった。訓練の目的を達成した」という評価はよくわかる。

これに対しジェンセンは、私たちが見た2つの訓練の違いについて挙げ、「若田の成長を実感できる訓練だった」と述べた。

若田を2年間にわたって訓練し、その成長をつぶさに見てきたジェンセン。

では、訓練で実感した「成長」とは、具体的に何だったのか。

「2年前に訓練を始めたときのコウイチは、迷っている印象でした。船長としてどう振る舞うべきなのか、まだわかっていなかったのだと思います。無理はありません。彼にとって初めての『船長』のポストであり、経験がないのですから。そして程度の差はありますが、コウイチは今もリーダーとしてどのように振る舞うべきか、模索しているのだと思います」

「でも彼は、以前よりも〝落ち着き〟が出たと感じています。船長としての訓練を始めたころから比べると、不安や緊張がずいぶん和らぎ、以前よりもはるかに落ち着いている。コウイチは訓練のたびに、緊急対処の手順の一つ一つに習熟し、自信を獲得していったのだと思います。今もまだわずかですが不安や緊張が残っていて、それが見えるときがあります。しかし、船長という重責を担っている以上、仕方のないレベルのもので、訓練でそれが出るときもあります。でも、その頻度ははるかに少なくなったし、すぐに立ち直ってリカバリーできるようになっている」

「コウイチは、『これをやっていいのか、あるいはいけないのか』と、自問自答することが減りました。今は、『これが正しいんだ、だからやるんだ』と、自分の判断に自信を持って行動することが多くなっています。自分を信じることができるようになったのでしょう。その自信も、大きすぎることも小さすぎることもなく、ちょうどいいバランスのものです。宇宙飛行が間近に迫った今、コウイチの中で、自分がどのようなリーダーシップを発揮すべきか考えが固まっているのだと思います」

若田の中で最も大きく変化したものについて問うと、ジェンセンは「冷静さ」だと指摘した。しかも、自分が常に正しいわけではないことを受け入れた上で、リーダーとしてより自信を持って冷静に振る舞えるようになったという。

「コウイチは、自分の経験と知識をリーダーとしてどう活用できるのか、自問自答してきました。判断に時間はかかっても全員の合意を得られる『協調型のリーダーシップ』と、判断はすぐに下せるが、誤る可能性も高い『トップダウン型のリーダーシップ』を、それぞれ訓練で試していました。今、コウイチは、これら2つの自分なりのバランスを見出したのだと思います。

それはすなわち、『協調型』を基本にし、場合によってピンポイントの『トップダウン型』を採用する。たとえるなら民主主義のリーダーシップと、専制君主型のリーダーシップの〝ハイブリッド〟を、生み出したのだと思います」

初動ミスを徹底検証

訓練を終えた若田たちは、恒例の反省会に参加するため、ＩＳＳのモックアップの近くにある管制室に来た。

そこには、ジェンセンたち管制官と技術者、それに、宇宙飛行士の健康管理を担う医師らが待機していた。国籍は前回同様、ロシア、ヨーロッパ、それに日本とさまざまだ。

全員が、中央の長いテーブルに集まる。片方の長辺に、若田、マストラキオとチューリンが座り、それと向かい合うようにスワンソン、アルティミエフとスクボルソフが着席。そして上座の位置には、管制官たちが集う。一方、ジェンセンは、テーブルから一歩下がって腕を組んで立っていた。

反省会では初め、今回の若田たちの「手際の良さ」を評価する声が相次いだ。

管制官①「みんな、手順が頭に入っていたように感じた。冷静に対処できていたと思う」

管制官②「チューリン、アルティミエフはガスマスクを早急に準備する必要性がわかっていたようだね。全員分を用意しているところから見ても的確だった」

一方で、初動を誤ったことについてはどうなのか。

まず、ロシア人クルーのスクボルソフによって「火災」警報が鳴らされた。若田たちは警報をそのまま信じ、火災への対処を進めていった。ところが警報を押した段階では、「火」や「煙」は確認されておらず、「異臭」のみであったことが判明。若田たちは「異臭」への対応に切り替えたが、その後、実際に「煙」が発生して「火災」への対応に戻るという経緯があった。

おもむろに口を開いたのは、テーブルの上座にいたベテラン管制官だ。

「『火災』の警報が押されたことについてはどうかな？　実際には煙は見えていなかったが、チームとして本当はどうすれば良かったと思うか？」

するとスクボルソフが手を挙げ、発言を始めた。過去にＩＳＳの船長を務め、大柄で柔和なスクボルソフが、鼻を押さえながら身振り手振りのジェスチャーを交えて、「火災」の警報ボタンを押した理由を懸命に説明した。

冷静な指摘を加えるスワンソン

「臭いがひどくて、何かが燃えるときのような感じだった。だから火災だと判断して、アルティミエフとともにボタンを押した」

若田はスクボルソフの判断に、すぐに理解を示した。

「安全のためを思えば、その判断で良かったと思う。ボタンを押したことで、緊急対処が始まったのだから」

その時点では「異臭」でしかなかったとはいえ、燃えるような感じだったという。

「火災」のボタンを押して緊急事態を伝えたことで、対処が始まった。そのきっかけとなったことを考えると、問題のない判断だ

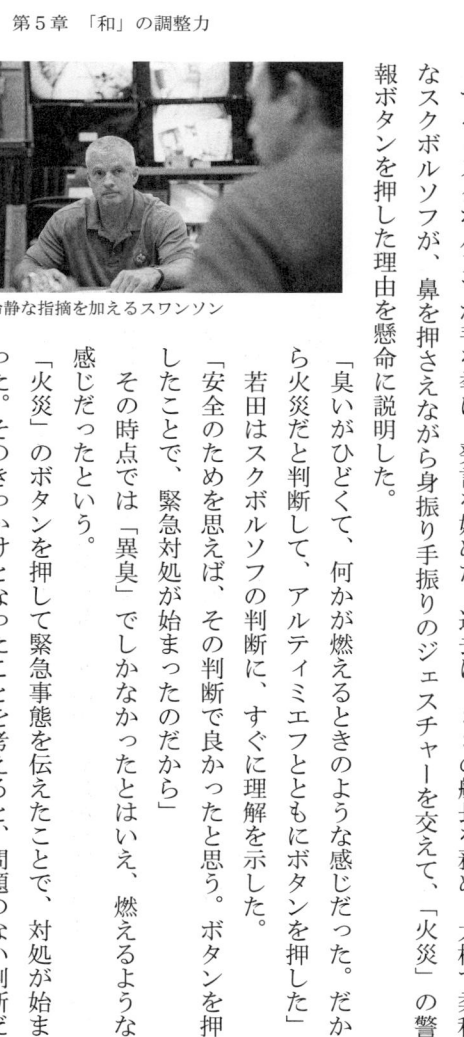

ったと若田は評価した。

しかしスワンソンは、若田とは別の意見を述べた。

「しかし、そもそもボタンを押す前に、先に状況の報告があっても良かったのではないか」

ボタンを押す前に、全員にまず無線で状況を伝えることもできたのではないか、との指摘だ。

「煙は見えないが、燃えるような感じの臭いがする、という報告だ。そうすれば僕ら宇宙飛行士だけでなく、地上の管制室も正確な状況がわかる」


意見が二分したときの采配は？


2人の船長は、異なる意見を述べた。

若田は、押した理由がたとえ間違っていたとはいえ、緊急事態をすぐに知らせたことを評価。

一方のスワンソンは、誤った対処をしないためにも、まずは状況を全員に伝えることが重要ではないかと指摘した。

そこで若手の管制官が、若田とスワンソンの2人にさらなる見解を尋ねた。

「2人のコマンダーに聞きたい。今回のように、すぐに火災警報を押してもらいたいか？それとも、『異臭』だという状況の報告を先に聞きたいか？ チームとして、どっちが好ましい？」

この問いに対して若田は、主張を変えなかった。

「私は火災の警報を押したのは、間違っていなかったと思う。何かが燃えて臭いがどんどん強くなっていたのだとしたら、異常を知らせるために早く押してもらって良かった。実際、それで私たちの緊急対処が始まった」

一方のスワンソン。

「私の場合、警報ボタンを押す前に状況を知らせてもらった方がいいと考える。燃えるような臭いがあったということはわかるが、最初はあくまで『異臭』だったことを忘れてはいけない。火災と判断する上での『火』や『煙』は、確認できていなかった。ボタンを押す、押さないを前に、この点を軽く見ない方がいいんじゃないかな」

スワンソンの指摘はくしくも、訓練中にジェンセンが私たちに指摘したことと同じであった。今回の訓練の場合、事態の思わぬ推移によって、結果として「火災」の対処を始めていたことがプラスに働いたが、初めは状況を見誤っていたことに変わりはなかった。

意見が二分する事態に直面した若田。スクボルソフの方にも目を向けながら、丁寧な口調で話し始めた。

「であれば今後は、警報ボタンを押してもいいが、その前に全員に、押す理由を無線で報告する、ということにするのはどうか?」

折衷案である。

若田は、ボタンを押したスクボルソフたちの判断を尊重しながら、スワンソンの指摘も踏まえた、新たな案を提示した。

この案にはスワンソンも合意し、自らの意見を付け加えた。

「それはいいアイディアだ。もし火災の可能性が疑われたとき、『火や煙は見えないが、燃えるような臭いがする。だから火災のボタンを押す』という連絡を最初にしてほしい。それからボタンを押してもらう、というのはどうか」

若田はスクボルソフたちの方を向いた。そして「それでもいいか」と確認した。

スクボルソフは、アルティミエフの意向を確認し、若田に対して小さくうなずくジェスチャーをして「それで構わない」と答えた。

やりとりを見守っていたベテラン管制官が締めくくった。

「みんなに忘れてほしくないのは、何か異常を察知して警報を鳴らすべきだと感じたのなら、決して躊躇することなく鳴らすことが重要だということだ。警報を鳴らすと、システムが非常事態モードになって、空気の循環システムなどの設定が変更されるなど、君たち宇宙飛行士の命を守るための対処が自動的に始まるからだ」

「もしそれが間違っていた場合、地上の管制チームが、自動的に変更された設定を一つ一つ元に戻さなければならず、何かと面倒であることも確かだ。でもだからといって、警報ボタンを押すことを躊躇してほしくないというのが、地上側の思いだ。なぜなら、僕ら管制チームがそもそも何のためにいるのかと言えば、君たち宇宙飛行士の命を守るためだから。したがって何か異常を感じたときは、恐れずに警報を鳴らしてほしい。それに対応するために、僕たちはいる」

正否は重要ではない

若田は、最後までスクボルソフとアルティミエフに配慮し続けた。仲間が下したとっさの判断を船長として尊重するという姿勢が感じられ、かばっているようにも見えた。

一方、「正論」を淡々と、忌憚なく述べたスワンソン。そもそもスクボルソフとアルティミエフは、スワンソンのチームのメンバーである。「ISSの船長」という立場から考えれば、スワンソンにとっては、最も長くともに行動する直属の2人の「部下」に当たる。その部下に対しスワンソンは、「直属の上司」として訓練の場だからこそ容赦せずに言った、ともとれる。

複数の関係者を取材して至った結論は、若田とスワンソンの主張は「どちらも正しい」ということだ。

緊急対処において重要な「早期発見、早期対応」という点で考えれば、スクボルソフたちの「全員にできる限り早く異常事態を知らせたかった」という意図は尊重すべきである。

仲間を弁護する若田

これに対し、火災の警報ボタンを押したことで、「異臭」の対応ではなく「火災」の対応になったことを考えると、まずは状況を伝えるべきだとするスワンソンの指摘が正しくなる。

しかし重要なのは正否ではなく、反省会でこの2つの意見がはっきりと表明されたことだった。議論が中途半端に終わることはなかった。それぞれの主張が展開される中、議論のポイントは若田によって「ではチームとして、今後どうすべきなのか」という点に収斂し、このチームにおける緊急対処の新しいルールの採用につながった。

「和」のチームワーク。

若田は、この反省会のような忌憚のないやりとりを、宇宙で実現したいと考えていた。

「あいまいさ」が強みに

忌憚のない意見を言い合える環境。

実はアメリカでは、当たり前のこととされている。民族や宗教など、バックグラウンドの異なる人たちが混在する社会。常識さえも違うことが多い状況で、他者とのコミュニケーションではロジックこそすべてだ。年齢も序列もほとんど関係ない。「良い指摘」は誰がしたとしても「良い指摘」であり、逆に何も意見を述べないことは、「存在していないことと同じ」と見なされる。

スクボルソフたちによって火災の警報ボタンが押されたことを、議題に挙げた管制官。そして、「ボタンを押す前に状況を報告すべきだった」と断じたスワンソン。さらには、「どっちの場合でも地上サイドは何とか対処するが、チームとして決まりがあることが重要」とまとめたベテラン管制官。まさに忌憚のないやりとりだった。

その中で異質だったのは、結果的には誤ったボタンを押したスクボルソフたちに配慮し続けた若田の姿勢だ。そして折衷案を提案したときも、スクボルソフたちの判断を否定した形にしないよう、あいまいさを残していたように見えた。それは彼らの「意図」や「立場」への配慮にも思える。

とにかくドライに指摘をしたスワンソンとは、対照的に映った。

ここで、スクボルソフがＩＳＳの船長を務めた人物だということは、忘れてはならない点ではないだろうか。リーダーとしては、若田とスワンソンよりも経験がある。実績が何よりもモノを言う世界において、訓練の場とはいえ、判断や言動を後輩たちから真っ向から否定されてしまうと、スクボルソフとしては立場がない。

すなわち若田は、仲間の立場をおもんぱかったのではないか。たとえ間違った対応だったとしても、チームの安全のためを思ってのことだったのだから、その思いこそ評価して、改善策につなげるべきだと考えたのではないか。

取材に対し、若田は次のように説明してくれた。

「人間のやることに、失敗はあって当然です。私自身も、これまで失敗を積み重ねて学んできました」

「確かに我々はプロですから、同じ失敗を繰り返せば信頼はなくなります。そこで競争から脱落するので、二度は繰り返せない。そういう厳しさはある。でも最初の失敗には、寛容であっていいと思います。そしてリーダーである船長は、その失敗による影響をできるだけ小さなものにしなくてはならない。大きな問題に発展しないよう、チームを管理していかなければならないのです」

「重要なのは『失敗しないこと』ではありません。失敗しても、それを致命的な状態にまで拡大させないためのチームワーク、そしてリーダーシップを、きちんととっていくことだと私は思っています。ですから、会議とか打ち合わせみたいなところでは、妥協なく自由闊達に意見を述べ合ってもらう。そういう雰囲気をつくることを重んじました。そして、最終的にチームとして最も望ましいソリューションを見出すことに議論を持っていく、ということに留意しています。そういう環境づくりが、世界で勝負するリーダーにとっては、重要なのじゃないかなと思います」

人は誰でも、間違いや失敗をする。

そのサガを受け入れた上で、常に最善の判断を下せるリーダーシップを、若田は目指していた。

第6章

試される日本人のリーダーシップ

「気遣い」が称賛の的に

若田の訓練が佳境を迎えた7月はじめ。

ジョンソン宇宙センターで、若田ら宇宙飛行士が主催するイベントが開かれた。

フライトを間近に控えた飛行士たちが、訓練をともにしてきた技術者や地上管制官に、日頃の感謝の意を込めてケーキをふるまう、「ケーキカットセレモニー」というイベントである。スペースシャトルの時代から、すべての乗組員たちが自らの宇宙飛行の前に必ず行っている恒例の行事だ。

会場には、60人余りが集まっていた。その中には、若田の訓練のリーダーを務めるマイク・ジェンセンもいた。そのジェンセンによると、普段の2倍近い人数が来ているという。

ジェンセンは、冗談ぽく言った。

「このクルーはみんなに慕われているんだね。若田の人徳かな?」

開始時間を迎えると、最初のあいさつに立ったのは若田だった。

「仲間と一緒にこの場に来ることができて、とても光栄です。私はもう古株で、この部屋には昔、スペースシャトルのフライトシミュレーターがあり、それがよく不具合を起こしていて、僕たちの想像で訓練を補わなければならないことも度々ありました。でも今の訓練は、本当に洗練されていて、まさに本番さながらの環境で実施できる。それも、みなさんの日頃の努力のおかげだと思っています」

流ちょうな英語だ。宇宙飛行士として採用されて以来、長年にわたって英語圏で働いてきたこともあり、ネイティブと同等の英語力である。

あいさつの最後に、若田は感謝の言葉を述べた。

「宇宙では、いつもあなたたちの顔を思い出すと思います。日々の任務に当たるとき、厳しい訓練をしてくれたことへの感謝とともに、みんなの顔を一人ずつ思い浮かべながら、しっかりこなしていくことになると思います」

「特にトイレ掃除の任務のときですね。このときはみんなの顔を、一番ちゃんと思い出せるのではないかな」

すると集まった60人がドッと笑って、会場は一気に和やかになった。

その後、若田は自らナイフを持って、ケーキを切り分けていった。

他の宇宙飛行士たちも、最初は手を貸そうとしていたが、若田が別の女性職員とともに手際よく作業を進めているのに安心したのか、出席者との会話にいそしんでいた。

若田はケーキを切り終えると、みんなに配り始めた。

「はい、どうぞ！」

「これは特別に大きいやつだよ！」

受け取った相手も「あぁ！　わざわざありがとう」と応じる。

若田は切り分けたケーキが行き渡るまで、配ることに専念している。出席者一人一人に声をかけて、その場、その場で短く談笑して、感謝の意を伝えながら次へ次へと回る。

ケーキを受け取った関係者の中には、若田にサインを求める人もいた。彼の訓練を担当した記念のためだという。

「コウイチはいつも、チームのみんなが納得できるように気を配って、みんなの意見の調整に奔走してくれる。いつもそこまでしてくれるから、こちらも応援したくなってしまう。それにさっきのように、冗談がうまい。言うタイミングがいいんだと思います。たとえピリピリした雰囲気の訓練でも、和やかにしてくれたことが何度もあった」

訓練担当のジェンセンは、若田の「気遣い」を素直に褒めた。

ケーキ配りに勤しむ若田

「宇宙飛行士の中には、たとえ3日でも一緒にいたくない人もいます。でもコウイチなら半年間、一緒に暮らしても大丈夫、と言う人間が多いと思う。彼は誰に対しても等しく誠実で、謙虚だから」

訓練でお世話になった一人一人に、お礼を言って回る若田。

その行動に象徴される若田の気遣いは、ＮＡＳＡ全体でも高く評価されていた。

ガガーリンのときと同じ発射台

２０１３年11月7日。ついに若田が、宇宙へと飛び立つ日がやってきた。

私たちはＲＯＳＣＯＳＭＯＳ（ロシア宇宙庁）のバスに乗せられ、宇宙船「ソユーズ」を打ち上げる発射台がある中央アジア、カザフスタン共和国の「バイコヌール宇宙基地」に向かっていた。

車窓の外に広がるのは、ひたすら土色の大地。

民家がぽつり、ぽつりと現れては消え、ラクダを引き連れた農民の姿も見える。

「バイコヌール宇宙基地」は、旧ソビエトの時代からある世界最大規模の宇宙基地で、今は中央アジアの国、カザフスタンの領土内にある。このため、基地とその周辺の地域を、年1

00億円以上を支払ってカザフスタンから「借りている」とされる。しかしロシアにとっては旧ソビエトから引き継がれてきた、有人宇宙開発の最重要の拠点の一つだ。

総面積、5000平方キロメートル。見渡す限り広がるカーキ色の丘陵地帯に、ロケットを打ち上げられるいくつもの発射台が点在する。そして若田が乗り組むソユーズが打ち上げられるのは、人類初の宇宙飛行をしたユーリ・ガガーリンが1961年に宇宙へ飛び立ったときに使用したのと、同じ発射台からだ。

午前7時。まだ夜が明けきらない中、100人以上の関係者が若田たちを沿道で待ち構えていた。

すると、3人が元気な姿を現した。

その姿を一目見ようと、大勢の人でごった返している。カメラのフラッシュが瞬く星のように無数に光っては消える。照らされる若田の顔は、朗らかな表情を浮かべていた。

そこには、関係者や報道陣、そして家族らが詰めかけていた。前回の宇宙飛行士選抜試験で選ばれた3人のうちの一人、金井宣茂の姿もあった。

宇宙服を着て、「ソユーズ」に乗り組むためにゆっくりと歩き出した若田たちに向け、どこからか日本語の声援が飛ぶ。

「若田さ～ん！　頑張って～！」

「応援しているぞー！」

若田は懸命に手を振りながら、まるで一人一人に感謝の意を表すかのように、何度も何度も頭を下げていた。

そして、大きな声で答えた。

「みなさーん、ありがとうございます！　頑張ってきます！」

若田が乗り組むソユーズの打ち上げ

いよいよ打ち上げの瞬間。

私たちは、発射台からおよそ1キロ離れた施設で見守った。

午前10時14分。

地平線から太陽の明るい光が差してくる中、ロケットがついに点火した。大量の白い煙が出ている。そして黄色い炎が見えたかと思うと、少し遅れて、すさまじい轟音が襲ってきた。

「ゴーーーーーーッ！」

ゆっくりと空に向かって上っていくロケット。

周囲の砂を大量に巻き上げ、まさに砂嵐が発生したような状況だ。

発射台近くに据え置いていた撮影用のカメラは、その上昇する姿を間近で捉えていた。ロケットが空で少し止まったかのように見えた瞬間、空が割れるような音が起こった。

「バリバリバリバリ！！！」

空気を通して伝わってくる振動は、腹の底まで揺さぶる。

ロケットは一気に加速を始めた。まばゆい光を放ちながら、空を駆け上がっていく。

懸命に目で追っても、見えるのはもはやエンジンが放つ光だけ。

ロシアの宇宙服（ソコルスーツ）の若田

30秒後。その光さえもほとんど見えなくなり、バイコヌールの空からロケットの姿が消えた。
そのとき、私たちは若田が語った「夢」を思い出していた。
「日本の有人宇宙船を鹿児島の『種子島宇宙センター』から打ち上げて、日本人だけでなく世界の多くの人たちを宇宙へ運び届けるようになる時代が早く来てほしいと思っています。

それが実は、私の大きな夢なんです」

「そうなると、第2、第3の日本人船長が出て来なければならないし、日本の宇宙船を打ち上げるときには、やはり日本人がリーダーシップをとらなければならない。そのためにも今回の宇宙飛行を、絶対に成功させなければならないんです」

日本が世界の有人宇宙開発をリードする時代。

その到来を夢見て、若田は宇宙へと旅立っていった。

仕事は3種類

若田の4度目の宇宙生活が始まった。

今回の長期滞在は、大きく2つの期間に分けられる。

2013年11月7日から翌14年3月はじめまで、第38次長期滞在メンバーの一人として滞在。

そして3月9日から5月13日の帰還の直前までは、第39次長期滞在の船長＝コマンダーの任務に就く。

宇宙での生活は、分刻みでスケジュールが組まれている。食事や就寝前の時間、それに休日を除いて、ゆっくりできる時間はない。NASA、ROSCOSMOS、ESA(欧州宇宙機関)、CSA(カナダ宇宙庁)、それに日本のJAXAと、世界15カ国を代表する宇宙機関が課した任務である科学実験やISSの運用・維持の作業を、確実にこなさなければならない。

その作業は、地上から24時間体制で監視されている。ISSの随所に取り付けられた監視カメラは、誰がどこで何をしているのか、地上の管制室から確認可能だ。ISSの運用を地上から指示し、サポートする地上管制官(フライトディレクター)たちは、宇宙飛行士たちと無線で連絡を取り合いながら、実際に宇宙にいる乗組員たちにしかできない任務の一つ一つを見守っている。

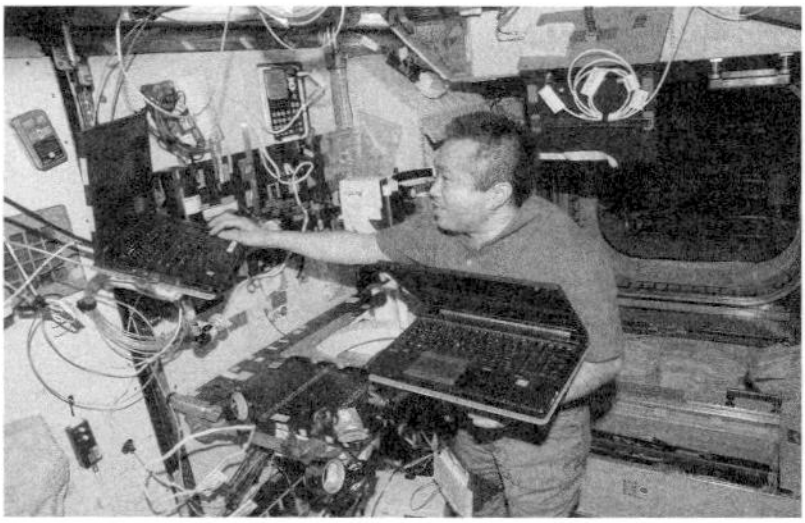
宇宙の仕事は分刻み

若田たちの任務は、大きく3つの種類に分けられる。

・「科学実験」:新薬につながるような研究開発を宇宙で行い、無重力の環境を生かした様々な実験を通して宇宙で生じる特有の現象を記録すること。

・「医学実験」：自らを被験体に、人類、特に日本人が宇宙で長期間にわたって暮らしたとき、精神や人体にどのような影響が出るのかを記録すること。
・「ISSの運用と維持」：建設が始まってから10年以上経っている巨大宇宙施設は、整備と点検が不可欠だ。故障も頻繁に起きる。バッテリーなど、運用に欠かせない部品の交換などを他の宇宙飛行士たちと協力して行う。

「科学実験」「医学実験」を確実に遂行し、人類の科学と医学の発展に寄与するのがISSの主たる使命だ。宇宙飛行士は、地上にいる研究者たちの代わりに行う「実験者」であるとともに、その実験が滞りなく行えるようにするための環境づくりを「整備士」として行う。「実験者」と「整備士」、この2つの面で地上側のすべての期待に応えることが、宇宙飛行士には求められる。

緊急事態が現実に

打ち上げから1カ月余り経った、アメリカ中部時間の2013年12月11日。
ISSは、それまでにない異常事態に陥っていた。

搭載されているすべての装置の「冷却」を担う極めて重要なシステムに、トラブルが起きたのだ。

前述のように、ＩＳＳには有毒ガスのアンモニアを触媒に使った冷却システムがある。実験装置はもちろんのこと、酸素を生成するための装置など、乗組員たちの生存に関わる装置が常に正常に動き続けるよう、異常な発熱を抑えて機器の温度を一定に保つためのシステムだ。

このシステムの一部が突然、停止し、そのまま動かなくなったのである。

ＮＡＳＡの地上管制室は、若田ら宇宙飛行士たちと連携して状況を確認。若田たちは訓練のときと同じように、ＩＳＳの各所に設置された専用のパソコンなどでシステムの運用状況を調べていく。

すると、２つある冷却システムのうちの１つに基準を上回る温度の上昇が起き、それから下がらないままだったため、コンピューターが異常と判断して、被害の拡大を防ぐためにシステムを自動で停止させていたことが明らかになった。

「これはなかなか大変ですよ」

当時、ＪＡＸＡの指揮を執っていた理事の長谷川義幸は言った。

冷却システムのうち、1つは残っているとはいえ、本来は2つで運用されている。すべての装置を普通に動かすと冷却が十分に行われないため、一部は異常に加熱して故障の連鎖を引き起こす恐れがある。

このため、運用に不可欠な装置とそうでないものの選別、まさに「トリアージ」を行い、いくつかの装置の電源を速やかに落として、運用に異常が起きないようにしなければならない。そして1つの冷却システムだけで今後どのように運用していくかを、検討しなければならない。

長谷川によると、数年に一度しか起きないような緊急事態だという。そしてもし、もう一方の冷却システムまで故障すれば、ISSの運用自体がままならなくなる。

「設計上は2系統あって、1つに異常が起きても大きな問題にはならないようになっています。だから、対外的にはまったく問題ないと説明できますが、この異常によってどんな不具合の連鎖反応が引き起こされるかがわからない。最悪の事態を想定すると、原因の究明と復旧が他のどの任務よりも優先されることは明らかで、できる限り、異常が起きた冷却システムの復旧を急ぐ必要がありました」

おりしも、2013年の年の瀬。

しかし、若田も、そして地上も、数日間にわたり緊急対応に追われることになった。

「船外活動」の一策

冷却システムが動かなくなった原因。

それは、ISSの外部に取り付けられた「ポンプ」が正常に動かなくなったことが原因だったことがわかった。

ポンプは、冷却用の触媒であるアンモニアをシステム全体に循環させる役目を担っていた。いわば人体の「心臓」のような装置である。

若田たちは、地上管制室の技術者たちと連携してポンプの再起動を試みた。システムを立ち上げ直すなど、ISSの船内、そして地上管制室で可能なすべての手立てを試したが、ポンプは動こうとしなかった。

「宇宙飛行士が、ポンプのある場所まで行って新しいものと交換するしかない」

NASAは、宇宙飛行士による船外活動、いわゆる宇宙遊泳で事態解決を図ることを決めた。さらに、そのための態勢づくりとして、12月18日に予定されていた、アメリカの民間企業が開発したISSに物資を運ぶ無人輸送船「シグナス」の打ち上げを延期すると発表した。

「まずはＩＳＳを復旧させなければならない」

記者会見で、ＩＳＳの運用を指揮するＮＡＳＡのマイケル・サファディーニは言った。何事もなければ無人輸送船「シグナス」は、クリスマスの前にＩＳＳとドッキングして水や食料などの生活物資、それに新たな実験装置などを届ける予定だった。しかし、若田たちと地上管制室による調査で、１つの冷却システムだけでは、輸送船を安全に迎え入れることができないことがわかったのである。

ポンプを直さなければ、新たな生活物資まで届かない。

まさに緊急事態に、ＩＳＳは直面していた。

トラブルから10日後の、２０１３年12月21日。

若田チームのマストラキオと、彼らよりも3カ月前にＩＳＳに来て滞在していたアメリカ人宇宙飛行士のマイケル・ホプキンズが、故障したポンプを取り外すための船外活動に取り組んだ。

ロボットアームと地球

その2人を、「ロボットアーム」という巨大なクレーン型の作業用アームを遠隔操作してサポートしたのが若田である。

ロボットアームは全長17・6メートルで、人の腕のように可動範囲が広く、ISS船内からの遠隔操作で自由に動かすことができる。宇宙ではときに、10トンを超える巨大な構造物を扱うが、その移動や取り付け、さらに取り外しにおいて、ロボットアームは欠かせない装置である。かつてのスペースシャトルの時代からあって、カナダが開発を担当しているため、「カナダアーム」と呼ばれる。

若田はロボットアームで、作業者の2人の宇宙飛行士に「足場」を提供した。無重力状態の宇宙では、飛行士は何かに自らの体をつなげたり、固定したりしていないと、そのまま浮遊してどこかに流れていってしまう。水の中にいるようなもので、一つの場所に長い時間、留まることがそもそも難しい。

集中的に作業し、さらに複数の場所を効率的に移動するためには、しっかりとした足場がないと不可能である。このため、マストラキオら船外活動をする宇宙飛行士は、ロボットアームの先端に足場を作り、みずからの両足を固定して作業に当たった。そしてISSの中で、アームの遠隔操作に当たっている若田と連携しながら、アームで必要な場所にまで一気に「移動」する。消防のクレーン車に乗った消防士の要領である。若田が操縦するアームを「足場」にしながら、マストラキオらはポンプを取り外す作業を行った。

ロボットアームを操作する若田

5時間以上に及んだ船外活動。

しかし、これだけで作業は終わらなかった。壊れたポンプを外せただけである。

そのおよそ3日後の12月24日、クリスマスイブ。

2度目の船外活動が行われた。今度は、新しいポンプを取り付けるためだ。

作業は前回のように、船外活動に当たるマストラキオら2人と、中でロボットアームの操作に当たる若田との連携で行われた。

クリスマスをまさに返上しての宇宙と地上、そして15カ国を巻き込んだ復旧作業。

ポンプは無事に取り換えられた。そして、その後のシステムの再起動でも冷却システムが正常に戻ったことが確認された。異常が起きてから、すでにおよそ2週間が経っていた。緊急事態はようやく終幕を迎えたのである。

若田はツイッターでつぶやいた。

「地上管制クルーと宇宙飛行士の間の素晴らしいチームワークでISS冷却装置の船外活動による交換作業が、無事、完了し

ドッキング直前のシグナス無人輸送船

ました」

「ほっとしています」

「みなさん、本当にお疲れさまでした。そして、メリークリスマス！」

年が明けた1月12日。

水や食料などの物資を載せた、アメリカの無人輸送船「シグナス」が、無事、ＩＳＳに到着。３週間遅れの、ＮＡＳＡから若田たちへのクリスマスプレゼントだった。

震災への追悼で任務は始まった

２０１４年3月9日。

東日本大震災から3年目を、間もなく迎えようとしていた。

この日、若田は、日本人初のＩＳＳ船長、コマンダーに就任した。

若田たちと地上での緊急対処訓練で一緒に訓練に当たった、アメリカ人宇宙飛行士のスワンソン率いるスクボルソフ、アルティミエフのＩＳＳへの到着も２週間後に控えていた。彼らの到着に伴い、地球に帰還することになる前任の船長、ロシア人宇宙飛行士のオレグ・コトフから、若田はバトンを託されたのである。

船長に就いたときに行うあいさつで、若田は東日本大震災の被災地について触れた。その様子をアメリカやロシア、それにヨーロッパなど、世界各国の関係者が見ていた。

「ＩＳＳから見える震災地域の街の明かりが、力強く輝いているのが印象的です。復興への努力を感じ取り、私自身も強く励まされています」

それから若田は、船長として自らが目指すリーダーシップの形を述べた。

「地球最大規模の国際プロジェクトで、船長という大役を任されたことを日本人として誇りに思います。和の心、ハーモニーを大切にして、調和の中からベストな結果を生み出す、世界における日本人らしさを持って任務を全うしたい」

宇宙に行く前から強調していた、日本人の若田ならではのリーダーシップである。

宇宙で迎えた２０１４年の正月の書き初めでも、若田は「和の心」と書いていた。

宇宙で一番大事なのは「食べ物」

船長を務める期間中、若田は実に忙しい日々を過ごしている。

たとえば、無重力空間で筋力がなぜ、急速に低下するのか。それを食い止める効率的なトレーニングの技術や方法はないのか。そうした科学的な課題を解明するための実験は、将来の有人火星探査の基礎データにつながる重要な任務の一つだ。

その実験で若田は、利き腕ではない左腕上腕に装置を巻きつけて装着。筋肉を電気的に刺激しながらトレーニングをすることで筋力の衰えを効果的に防ぐことができないか、自らを被験体にした実験を行った。

その他の例を挙げると、アメリカの民間宇宙企業「スペースX」が開発した無人輸送船「ドラゴン」を、ロボットアームで捕まえるという任務にも当たっている。

秒速8キロ、時速2万8800キロという超高速で飛行している重さ6トン超の輸送船を、同じく秒速8キロで動いているISSから、主に監視カメラの映像を頼りに、遠隔操作のロボットアームでつかむ。若田はこの作業の難しさを、新幹線にたとえて語っている。

「時速2万8000キロで走っている2つの新幹線があるとします。その2つの新幹線に乗

民間企業「スペースX」のドラゴン無人輸送船

っている2人の乗客が、窓越しに互いに手をつなぎたいと思っている。それを可能にするためには、新幹線どうしをぎりぎりの距離まで近づけて、速度もぴったりと合わせなければなりません」

ただ、このロボットアームの作業は今まで誰も失敗したことがない。このため、簡単なもののようにも思える。しかし、一つ操作を間違えばＩＳＳの運用にも関わる大きな事故につながりかねない、危険で責任の伴う任務である。「こうのとり」の製造にかかる費用は1回の打ち上げでおよそ２００億円。確率は低くとも、失敗すれば巨額の税金が無になり、その後のＩＳＳの運用にも関わるだけに、大きなプレッシャーがかかる。

また、ＩＳＳと地上との間のデータ通信に欠かせない「ＭＤＭ」という装置が故障した際、その対処に当たった。

この装置が動かないと、地上管制官との間のデータのやりとりが正常に行えず、太陽電池パネルからＩＳＳへ十分な電力が供給されなくなる恐れがある。冷却システムのときと同様、ＩＳＳにはＭＤＭが複数、装備されているため、若田ら宇宙飛行士たちの活動に、ただちに影響が出るわけではなかったが、しかしこの装置もまた「船外活動」によって、取り換える必要があった。

２０１４年４月、若田は再び、船外活動に当たるマストラキオとスワンソンをサポートするために、ロボットアームの操作を担ったのである。

そして、トイレの修理。ＩＳＳにはトイレが２つあるが、故障することも珍しくない。地球からあらかじめ届けられた予備のパーツと組み替えるなどして修理するが、今回の若田の長期滞在では、たびたび故障したという。

こうした任務は、全部でどれくらいあるのだろうか？　若田が船長を務めた期間のＮＡＳＡの記録を調べると、６人は１日平均で70近くの任務をこなしていたことがわかる。このうち60の任務は当日中に完了している。そして、すべてについて仔細な評価が残っている。まさに一挙一動が監視され、記録される中での生活だ。

その環境下で若田は、和のリーダーシップの実践として、全員の意見を聞いて最大限尊重しながらチーム運営を続けてきた。

しかし、船長の権限を使って一つだけ、問答無用で６人を従わせた命令があったという。

それは、６人全員で食事をとることである。

仲間が集い、コミュニケーションを取る機会を、食事に求めていたのだ。宇宙での生活は、ISSという密閉空間の他に行く場所がない。若田はそんな宇宙では、食べ物ほど大切なものはないというのだ。

「食事というのは、コミュニケーションが弾む最もいい機会です。仕事から一歩離れて、世間話をしながら会話をすることで、みんながリラックスできますし、生活にメリハリがないと、なかなかパフォーマンスも向上しません。だから食事は重要なのです。カナダのものとか、ヨーロッパのものも含めて、いろんな国のものをみんなで食べながら、実験とか技術的なことなど仕事の話をみんなで気軽にできますし、まったく違う話題で盛り上がって、親交を深められることも結構あります。宇宙では誰もが忙しいため、何でも一人で済ませがちですが、だからこそ、全員がそろって一堂に会して過ごす時間というのは大変貴重なのです」

このように若田が食事の大切さを強調するのは、前回、3度目の長期滞在のとき、全員で食事をする習慣が、チームワークを維持し高めるのにいかに効果的だったかを、身にしみて理解したからだという。

船長として若田は、自らの経験に基づき、「強権発動」していたのである。

唯一の楽しみが失われる？

その食の大切さを物語るエピソードがある。

宇宙飛行士が食べる「宇宙食」。

その中に、「ボーナス食」と呼ばれる、いわば「おやつ」がある。

昔は「まずい」と評判だったという宇宙食も、今ではかなり美味になっているという。地上でも、昨今のレトルト食品はとても充実しているが、保存技術の進歩は宇宙食にも恩恵をもたらしている。かつてはアメリカとロシアの食品しかなかったが、衛生状態や長期保存、それに容器などの基準を満たせば、日本などからも宇宙食を供給できるようになっている。水を加えれば食べられる「フリーズドライ」の食品をはじめ、缶詰なども宇宙へ送り込まれており、洋食でいえばビーフステーキ、日本食ならラーメンなども食べられるようになっている。

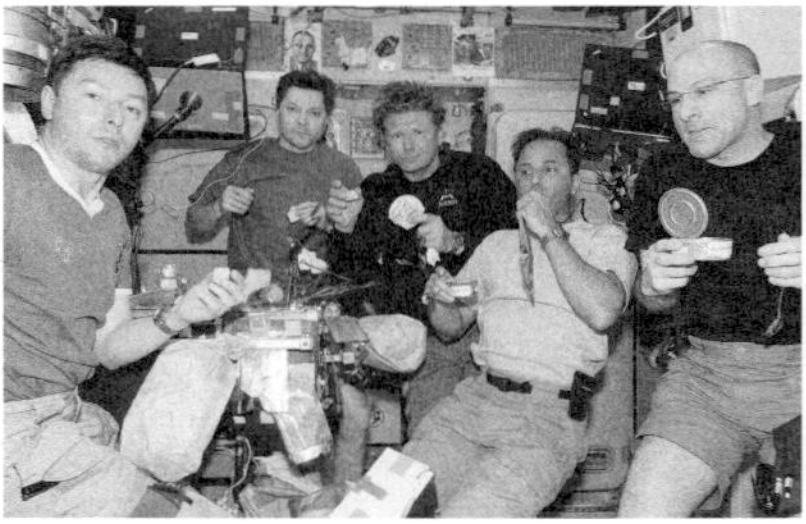
ISSで食事をする宇宙飛行士たち

ただし、偏食は許されない。1日3食、何を食べるかはあらかじめ決まっていて、栄養バランスが考慮されている。その中で一人一人の宇宙飛行士に特別に許されているのが、ボーナス食なのだ。

ボーナス食とは、ボーナスコンテナという容器に入れられた乗組員個人の好きな食べ物のことで、容器は宇宙飛行士それぞれに与えられる。その中に、自分がどうしても宇宙に持っていきたい食べ物を入れることができるのだ。NASAによると、もともとは宇宙飛行士の宗教心や信仰心を尊重する、精神心理の面のサポートという視点から設けられた。

多国籍の宇宙飛行士は、信じる宗教もさまざまだ。祝い事もそれぞれにあり、神への感謝を食事のときに表す習慣を持つ人もいる。日常の宗教的習慣を重視する立場の人からすれば、長期滞在で信仰心を示せないのはストレスフルなことである。何より業務の遂行が一番の課題のため、それに支障が出ないよう信仰への制限はなるべくなくしたいという考え方から、ボーナス食は生まれたという。

しかし、若田たちのボーナス食に、予期せぬ事態が起こった。

その容器を宇宙に届けるための無人輸送船の打ち上げが、ロケットの不具合などのために、予定より大きく遅れることになったのだ。

特にマストラキオのボーナス食は、彼の滞在前から届いているはずだったが、滞在の終盤に到着する計画に変更されてしまうという、非常に残念な事態になった。

どうするか。

マストラキオは、若田たちに「仕方がない」と話したという。しかし、本人よりも彼のボーナス食にこだわったのは、若田だった。

なんとしてでも、マストラキオのボーナス食を宇宙に届ける。若田は不退転の決意で、NASAやロシアとの交渉に及んだというのだ。

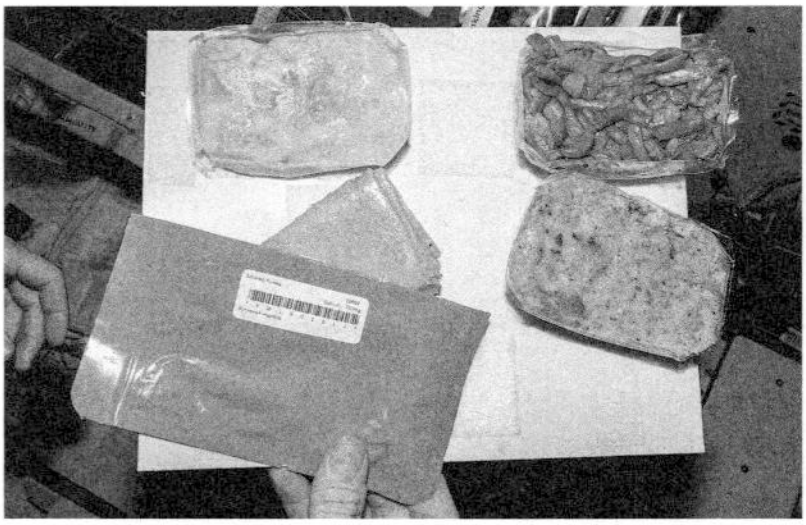
アメリカの感謝祭用の宇宙食。いちばん手前は七面鳥

極限状況では食べ物が信頼を生む

1キロ＝およそ100万〜170万円（低く見積もった場合）。宇宙にモノを打ち上げるためにかかると言われる費用である。

マストラキオのボーナス食の重さがどれほどなのかは、本人のプライバシーにもかかわるので不明である。しかし、輸送船の打ち上げ延期で、ボーナス食が当初予定より大幅に遅れて届くことになったのには、この打ち上げ費用を含めて相応の理由がある。

無人輸送船が一度に運べるモノの数と重さは限られている。緻密な計算とスケジュールに従っていつ、どの輸送船で、何を打ち上げるかが決まっていて、一回の輸送を無駄にしないよう、制限いっぱいにモノが詰め込まれる。このため、輸送船の打ち上げが延期になったからといって、おいそれと他の船に移し替えることはできないのだ。

ボーナス食は、「遠足のおやつ」のようなものである。もちろん重要だが、こだわりすぎるのも大人げなく、人間関係にも影響しかねない。実際、マストラキオもそう感じていたのではと推察する。しかし若田は、彼の代わりにボーナス食の打ち上げを再三〝上申〟した。

そしてNASA、ロシアと掛け合い、数週間に及ぶ交渉の末、ついに自分たちが乗り組むソユーズに特別に載せてもらうところまで漕ぎ着けたのである。

一体なぜ、そうまでして若田はボーナス食にこだわったのか。

若田は語る。

「結局、何のためにこの仕事をしているのか。それに立ち返って考える必要があります。あつれきを生まずに仲良くやるのは重要ですが、あくまでも目標はこの国際宇宙ステーションでの運用の成果、実験の成果を出していくことですよね。そうすると、クルーが一番効率よ

宇宙での食事は最も大切だと言う若田

く仕事ができる環境、システム的にはもちろんですが、クルーの士気や精神面からもいい仕事ができるように整えていく必要があります。

宇宙では、食事以外に楽しいことがない。みんなで今日飲みに行こうかとか、そんなことはできません。広い野原で走り回るようなこともできない。そうすると、食事の時間というのは非常に重要です。そこでやはりバラエティに富んだいろんな国のものを持ち寄って、それをみんなで食べる瞬間は、仕事から離れてリラックスできる唯一の瞬間です。自分のボーナス食を仲間にあげるなどして、物々交換で新しい信頼関係が生まれることもある。食べ物は、特に閉鎖環境の中では、本当に重要なのです」

若田は、マストラキオだけでなく、仲間全体のチームワークを重視した。そして、船長だけに与えられた権限を活用して各国の宇宙機関と交渉し、ボーナス食の打ち上げを実現したのである。

ちなみにマストラキオは、ボーナス食を食べるたびにみんなの前で、「若田のおかげだよ！」と感謝していたという。

若田は地球に帰還したあとのインタビューで、いたずらっ子のような表情を見せて言った。

「食べ物で釣るっていうのは、リーダーとして重要ですよ、宇宙では」

優先順位に立ち返ること

宇宙の「課長」でもあった若田。

中間管理職であれば、誰もが直面する「板ばさみ」の状態にもしばしば直面した。

「アメリカの輸送船の到着が遅れ、それと同時期に、宇宙ステーションの船内にあるコンピュータが故障したことがあります。コンピュータを修理しないと輸送船を受け入れられません。さらに輸送船は1カ月間しかＩＳＳとドッキングしないことになっていたのですが、植物の実験など、その期間で確実に完了しなければならない任務とそのための装置がたくさん積まれることになっていました」

１日当たり70近くの任務をこなさなければならない中、一つのイレギュラーは、スケジュール全体の見直しを生じさせる。それが、無人宇宙輸送船の到着の遅れ、さらにはコンピュータの故障という２つの大きなイレギュラーとなると、宇宙飛行士たちのスケジュールは今までにないほどタイトになり、「残業」や「休日出勤」が発生する恐れがあった。

「急ピッチで作業しなければならないことが結構多い時期だったのですが、宇宙飛行士の中では週末も仕事をしていないと手持ち無沙汰で参ってしまうというような人もいる反面、土日は神聖なる休日であるという人もいます。休日はきちんと休み、その代わり月曜日から金曜日まで猛烈に仕事をするという、それぞれの仕事のやり方があります。船長としてはチーム全体のスケジュールの調整をしなければならないのですが、この人はこうしたい、あの人はこれをしたい、地上管制室はこうしてもらいたいという、いろんな希望がある中で、板ばさみになりました」

分刻みでスケジュールを管理されている宇宙飛行士。しかし、定時と休日はしっかり設けられている。それでも中には自ら進んで残業と休日勤務をする人がいる。

だからといって、残業や休日勤務を当たり前のように求めると、あつれきを生む。しかし、このときの打ち上げの遅れやコンピュータの故障によって、業務が込み合うことは必至で、地上管制室としては、課せられた任務を確実にこなすため、クルーたちが休日に作業することを暗に願っていたという。国家レベルの任務ばかりのため、無理もないことである。

そのとき、若田はどう対処したのか。

「やはり優先順位に立ち返ることですね。地上側の希望、クルーたちの希望、いろんな要素がある中でどうするかといったときに、今、なぜこの仕事をしているのか、国際宇宙ステーションの成果をきちんと出すためにどうしたらいいか、きちんと考えていくと、なすべき項目の優先順位が決まってきます」

「ただ、その中で、週末の時間だとか、朝礼と夕礼という会議が毎日あるのですが、夕方の会議が終わったあと以降の、定時以降の時間をいかに使って作業するかというのは、結局、通常決まっていることから逸脱する作業なんですね。そういうものをどう調整していくか。クルーの意見も地上の希望もきちんと採り入れた上で、相手が憶測だけで話をしないように、それぞれの気持ちを伝え合える環境をまず整えました」

自分たちの一番重要な目的は何か。

その達成のため、ルールから逸脱したことを、リーダーとして当然のように仲間に求めていいのか。

この度の宇宙飛行のテーマに掲げた「和のチームワーク」を、若田は実践した。

「最終的には、双方が譲らないといけません。でも、相手を過度に思いやって、自分の思いをかみ殺して従うのではなくて、こちらがどうしても実現したいという希望をきちんと述べ合うことで、ミスコミュニケーション（伝達不足）がないような状態を作らなければならない」

「みんなが言いたいことを言って納得するような形で進めないと、あとでしこりが残ります。だから、特に国際関係ですごく重要なのは、『あうんの呼吸』ではなく、ルールはどうなっているのかということ。我々が宇宙で作業するとき、どの規定に基づいて、何をどこまでやっていいのか。それが明文化された、共通のルールに立ち返ることです。すなわち、何時から何時まで、この仕事をこのアプローチで行うということが決まっています。その決められている数字を逸脱して作業をするときには、関係者全員にきちんと意見を言ってもらって、『みんないいね、問題ないね』と了解を得た上で、先に進めていく。そうしないと、問題を円満に解決できないと考えています」

仲間たちとの胸襟を開いたコミュニケーションの末、若田は、一部の平日の定時以降の時間と、休日の一部を正式な任務の日として作業に当たる、という方針をまとめたのである。

「最終的には、必要な実験を期間内にできました。ただ、休日を使った作業もありましたし、定時以降の作業も行いました。けれども、そういったときこそ、みんなの意見をきちんと集約して、作業に当たるということが重要です。

それは結局、みんなが無理しなければいけない瞬間というものが出てくるからです。みなが納得して初めて、チーム全体でいい実験ができますし、大きなしこりを残さずに、前に進めていくことができる。ですから、全員が納得できる標準みたいなものをきちんと見据えた上で、率直に意見交換しながら、日々の作業を進めていく必要があるのではないかと、そのときあらためて実感しました」

相手の思いを尊重し、意思決定までのプロセスを大事にする。

「和」のリーダーシップの本質である。

怒ることもリーダーの条件

14年5月13日。

若田は、5人の仲間とともに、ISSの「きぼう」実験棟に集まった。

半年の滞在をともにした、マストラキオとチューリン。

そしておよそ2カ月にわたって若田が船長として率いた、スワンソン、スクボルソフ、アルティミエフ。

地球への帰還を翌日に控え、初めて務めた船長の任務を、いよいよスワンソンに引き渡すときが来た。

若田はあいさつした。

「私はスティーブと、スペースシャトルのミッションでも一緒になったことがある。彼は本当に素晴らしい人で、ユーモアもある。彼が指揮するなら、ＩＳＳは安泰だ。ここで正式に指揮権をスティーブに引き渡す」

これに対し、スワンソンは答えた。

「コウイチはこのＩＳＳを、今までよりもさらに良いものにしようという気概であふれていた。その勤勉さと熱意、そしてリーダーシップは素晴らしいものだった」

若田はこの日、ツイッターにつぶやいた。

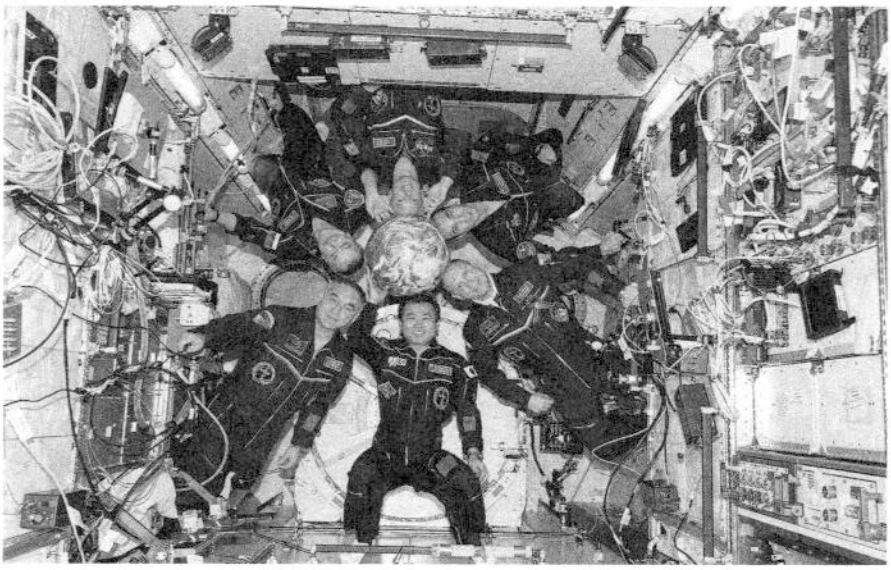
地球儀を中心に写真を撮る若田船長のクルー

「ＩＳＳ船長の役目を本日、終え、ＮＡＳＡのスワンソン飛行士に引き継ぎました。世界各国の地上管制室のみなさんと宇宙飛行士たちのチームワークが、ＩＳＳでの実験やシステム運用における素晴らしい成果につながったと感じています」
日本初、そしてアジア初のＩＳＳ船長が、無事に任務を終えた瞬間だった。

そして今回の長期滞在を、若田は次のツイートで締めくくった。

"Returning to our home planet soon. I will definitely miss this awesome view"

まもなく母なる星、地球に戻ります。宇宙から見るこの素晴らしい光景が、名残惜しい。

もちろん、若田の船長としての日々は、順風満帆だったわけではない。

帰還後のインタビューで、時には嫌われることも覚悟して指揮を執ったと明かした。そして時には、周りがわかるよう、あえて怒りの感情を示すこともあったという。

「結局、全員から好かれるリーダーというのは、おそらく機能しないと思います。地上からは煙たがられるかもしれないけれど、仲間の宇宙飛行士のために代弁者として厳しい発言をしなければいけないときもありますし、地上からの要求の方が合理的だというときは、まぁまぁと言って仲間の宇宙飛行士たちに話をして、地上側の希望をのんでもらいます」

「一緒に任務に当たったクルーも言っていますが、今、怒っているなっていうのは相手もわかっています。でも、ＩＳＳは日本とかアメリカとか、世界の15カ国で協力してやっているわけで、チーム全体がいい仕事をして初めて、宇宙ステーションでのさまざまな実験や、技術的な活動の成果が出てくる。だからあくまでもチームとして、いい仕事をしなきゃいけない。でも、その中で作業が能率的に進んでないとか、地上のチームのほうに改善の余地があるようなときは、きちんと言わなければなりません」

しかし怒るということは、リーダーシップとして好ましくないのではないか。この問いに対し若田は、怒りを的確に表すことはリーダーに求められる資質の一つだと指摘した。

「怒っているというのを、相手にきちんと伝えるのは非常に重要だと思います。怒りの感情を抱いていることを示すのは、ある意味で危機管理の一つです。もちろんそのときは、解決策の提案をすることも忘れてはなりませんし、発言の仕方も気をつけなければいけません。大声を上げるというのも、避けなければならない。でも、発言のトーンだとか伝える姿勢に、怒りというのは、実は入れても良いものだと思います」

「怒りを発言の中に含めることで、非常に重大な問題であることを示します。いつも怒っていたら、相手もカッとなってしまいますが、仕事の中で、人生の中で、この問題は非常に重要だということはやっぱりある。だから、ここはどうしても今改善しなかったら大きな問題につながるといったケースでは、きちんとその意図をチーム全体に伝えるのは重要です。ただ、言いにくいことかもしれません。さらに仲間の方が言い出せないときもある。だけど、それを代弁するのがリーダーであり、船長であると思いますし、リーダーに要求される資質の一つじゃないでしょうか」

その一方で若田は、「目立たない」リーダーシップを目指したという。

「気がついたら仕事が終わっていた、という形を理想として目指しました。その実現のためにまず、この仕事は彼に任せられるとか、彼にはちょっと難しいので2人付けようとか、そのミッションにふさわしい人員配置を行いました。なので、メンバー一人一人の能力は、普段の会話などから見極め、きちんと把握していました」

「大切なのはリーダーが活躍することじゃなくて、部下が、チームが、いい仕事をすることです。チームとしていい成果を出していくためには、リーダーがフォロワー（部下）を理解し、そしてフォロワーがリーダーを理解するということが何より重要です」

ウクライナ危機を乗り越えて

若田が船長を務めた2カ月間は、欧米とロシアの間の緊張が、かつてないほど高まった時期でもあった。

2014年2月に起きた、ウクライナ南部のクリミア自治共和国を巡る対立である。

ウクライナでは2013年暮れごろから、EUへの加盟の是非を巡り、大規模な抗議デモによる治安部隊との衝突が相次いでいた。そして、14年2月には野党勢力が首都キエフを掌握、ロシア寄りだった政権が崩壊。親欧米の暫定政権が樹立された。

この暫定政権に対し、クリミア自治共和国は激しく反発。共和国があるクリミア半島は18世紀、ロシア帝国に帰属していたこともあり、住民の6割がロシア系である。旧ソビエト時代にウクライナに編入されて以降、ウクライナ領となっていたが、政変で成立した暫定政権に対する不満が募り、現地の反政府勢力が独立を求めて政府軍と衝突。その混乱の最中、ついにロシアが介入したのである。

若田が船長になった3月9日、ロシア軍はウクライナ南部のクリミア半島を事実上、掌握していた。そして18日、ロシアはクリミア自治共和国を一方的に編入。国際社会の同意を得ないままの行為で、アメリカなどが厳しい経済制裁を科したが、これにロシアも応酬するなど、対立は深まっていった。このときＩＳＳも、地上で起きていた欧米とロシアの間の緊張状態と無縁ではなかったという。

「ちょうど私が船長だったときでした。ＩＳＳでも、アメリカのテレビ局やロシアのテレビ局の放送を見ることができるのですが、それぞれ伝え方が違います。私たち6人も、自分たちの国の政府機関を代表する立場にあり、国を背負って活動しています。だから、問題に対する立場の違いはありました」

若田はそう振り返り、クルーのあいだにあったわだかまりを乗り越える糸口が、「食事」にあったことを明かした。

「その日、私は、『今日は絶対にみんなでご飯を食べよう』と声をかけました。そして食事の場で話しあいながら、私たちはあることに気がつきました。それは、クリミアを巡って緊張が高まっている地球上に、ＩＳＳにいる私たち6人だけはいない、ということです」

帰還した若田　©NASA／Bill Ingalls

東西冷戦の終結後、国際協力の象徴とされてきたＩＳＳ。欧米とロシアの対立が深まっているときだからこそ、そのＩＳＳで各国を代表する6人がともに活動することに、大きな意義があると感じたという。

「食事を続けていると、このＩＳＳが目指す国際協調という方向性が間違っていないことをみんなで確認できました。科学技術の発展だけでなく平和のために、宇宙にいる私たちが果たさなければならない使命がある。地上のニュースを見ることも当然必要。でも、与えられた任務をみんなが協力して確実に成功させることが、私たち6人にとって何よりも重要だと気がつきました。そして『あしたも頑張ろう』という気持ちになれたのです」

アメリカ、ロシアのような「超大国」ではない日本。

その日本を代表する若田が、食事をきっかけに2つの超大国をつなぎ、まとめあげていた。

「ISSのような国際協力のプロジェクトは、政治的トラブルをも乗り越える力を与えてくれるものだと思います。そしてクリミア問題が勃発したとき、アメリカ人、ロシア人がいる中で、日本人の私が船長として仕事をさせてもらったのは何かの縁です。その機会を日本のみんなが与えてくれたことを、心から感謝しています」

「和」に込めた真意

若田が掲げた「和」の一文字。それは、日本人ならではのリーダーシップの「形」だった。

「船長の任務を自分が経験できたのは、私という宇宙飛行士個人の力というよりも、日本の宇宙の技術に対する世界の信頼が非常に高まったことが大きな理由です。日本の実験棟『きぼう』。それから、ＩＳＳに物資を輸送する宇宙船『こうのとり』。こうした日本の技術への信頼が高まった延長に、このＩＳＳの船長という仕事があったと思います」

「私はこういう仕事をしていると、スーパーマンじゃないですかと尋ねられることがあります。けれども、私は本当に普通の技術者で、船長を務めることができたのは日本全体の力のおかげです。肝に銘じたいのは、やはり毎日の積み重ねがすごく大切ということ。まだまだ自分にはできないことがたくさんありますが、昨日より今日、今日より明日と、やれることを増やせるよう努力していきたい」

インタビューの最後で若田は、これから世界を舞台に戦う日本人に向けて、熱い思いを込めて、力強く語った。

「これまで、多くの国の人々とチームを組んできた中で感じたのは、日本人にはもともと非常に高いレベルの調整能力が備わっている、ということです。それが、僕の言葉にすれば『和の力』だと思っています。各国の事情を考慮してさまざまな意見を取り入れ、その上できちんと意思決定をすること。それが、私たち日本人にはできると思います」

第7章

次代の船長のために

文化が違う相手を思いやる

２０１４年の暮れ。

地球に帰還した若田は、元メジャーリーガーの田口壮と対談する機会があった。

田口は、１９９２年に当時のオリックス・ブルーウェーブにドラフト１位で入団し、主に外野手として活躍。２００２年にはアメリカ・メジャーリーグのカージナルスに入団。一時はマイナー降格を経験したが、苦労を重ねながらもレギュラー定着を果たし、２００６年、メジャーリーグの優勝決定戦「ワールドシリーズ」に出場。チームの優勝に貢献した。日米で通算１６００本安打を達成したが、順風満帆だったわけではない。日本だけでなく海外において、自らの力を継続的に発揮し、活躍することの難しさを、身をもって味わった数少ない人物である。

その田口であれば、若田の思いに迫ることができるのではないか。その狙いで企画したインタビュー対談は、海外を舞台に生きてきた者同士、共感があったのか、リーダー論から家庭での話まで、幅広く議論は展開した。

国際社会で通用する人材には何が必要か。田口はまず、若田が「気遣い」を高く評価していることに注目した。そして若田が３回目の宇宙飛行に際し、「思いやり」というテーマを掲げていたことに触れ、文化や言語の違う外国人と対したときにどう思いやればいいのかと問いかけた。

「若田さんは、相手を思いやってコミュニケーションを取ることの重要性を、かなり強調されています。思いやり、相手のことを気にかける、ということは、外国人が相手の場合、難しくないですか。いわゆる顔色を読むとか、行間を読むとかっていうことを海外ではあまり聞きませんから」

若田と談笑する田口壮

これに対し若田は、外国人と接するとき、最初は確かに壁がある、と認めた。しかしその上で、卵の殻を比喩に使って、次のように答えた。

「最初はやはり、習慣の壁だとか、文化の壁だとか、言語の壁だとかっていうのは、確かにありましたね。やはり言葉というのはすごく大きかったと思います。私の宇宙飛行士の仕事の中では、最初の壁でした。そしてその言葉の壁が、一番大きいのです。でも言葉っていうのは、道具です。自転車に乗れなかったら、自転車で速く走れないのと同じように、その言葉を使えるかどうかで、仕事ができるかできないか、という根本的なことも左右されてしまいます。だからアメリカに来たときも、ロシアで訓練をするときでも、なかなか言葉の壁っていうのは大きいな、と思いました。でも、その壁を何とか打ち砕いて、当然、ネイティブのような会話はできませんけれども、きちんと意思疎通ができるテクニックを身につけることによって、卵で言えば、卵の殻の部分を割るところまでいけたのではないかと思っています」

相手を思いやるといっても、その前に、まずは言葉の壁を乗り越えなければならない。外国人と渡り合う上で若田は、最初に「言葉」という道具を、一定程度、使えるようになる必要があることを強調した。

「意思疎通ができるようになって初めて、人間の心、性格も含め、いわゆる人格に触れることができます。卵でたとえますと、卵の中身ですよね。そして習慣とか、文化とかの違いは、言葉と同様、卵の殻の部分かと思います。だからその殻の部分を割って、中に入っていかないと、その人のことがわからないと思います。そのために必要な、その国の文化のことですとか、習慣を理解した上で、さらに寛容性を持って、しかも言葉のテクニックを身につけた上で、腹を割って中に入っていく。するとそこにあるのは、人と人との違い、個人的な違いかな、と思うのです。どの国の人でも、個人差というのはすごく大きいのかなと思います。だからこそ、最低限、卵の殻を割るためのノウハウみたいなものを、なるべく早くに見つけて、そして、言語や文化、それに習慣の違いに寛容になり、その人の本質に迫っていくような努力をすることが、重要じゃないかと思います」

文化や習慣の違いがあるから、互いに相容れないものだとあきらめてはならない。むしろそれらは、表層的な違いにすぎないもの。その表層的な違いを乗り越えるために最も重要なことは、まずは自分について相手に知ってもらうことだと、若田は言う。

「ISSで世界各国の人と仕事をしていて、言葉の壁は確かにありますが、その先は個人差がすごく大きい。だから、それぞれの人がどういう人か見極めることが重要ですし、自分がどういう人間かを、相手にわかってもらうというのは、もっと重要じゃないかと思います。能力や性格をはじめ、たとえば自分はこういう失敗をしがちな人間です、というのを実際の訓練の中でさらけ出し、仲間に見てもらうというのは、信頼関係の構築において重要だと感じています」

相手を知り、信頼関係を築くためにはまず、相手に等身大の自分をしっかり見せること。自分が裸にならずして、相手に裸になるよう求めても、関係構築にはつながらないのだ。

剛と柔の側面

互いに理解を深めた上で、失敗を恐れずに国際社会に挑むことの重要性を若田はあらためて指摘した。

「宇宙というのは、日本やアメリカだけではなくて、世界の多くの人たちに、限りない夢を与え続けてくれる創造の空間だと思います。本当に果てしない世界だと思いますし、その価値を共有して、みんなで宇宙を使っていくこと、宇宙に進出していくことで、より豊かな社会、生活が実現できると思います。それと同時に、より平和な世界を築くことにも貢献できるのかなと思います。

ですから、みなさんが実現不可能だと思うようなことも、これから10年、20年経ってみると、実は当然のように形になっていることが多いのではないかと思います。宇宙もその一つで、遠くない将来、本当に身近な存在になるでしょう。私も子供のころは、自分が宇宙飛行士になれるとはまったく思っていませんでした。でも今は、国際宇宙ステーション計画という国際協調の体制の中で、このような仕事をさせてもらっています。

宇宙分野だけでなく世の中には、本当に素晴らしいものがたくさんあります。その中で、若い人たちには自分なりの目標を見つけて、それに向かって真剣に努力していってもらいたいな、と思います」

若田は高校時代、野球部に所属していた。レギュラーにはなれず、決して目立つ存在ではなかったが、若田は、メジャーリーグでの田口の活躍を引き合いに、挑戦することの大切さを訴えた。

「メジャーリーグで活躍できる、田口さんのような日本人選手はたくさんいると思いますし、たとえば30年前、日本のプロ野球界には素晴らしい選手がたくさんいたと思いますが、メジャーリーグのような、新しい環境で活躍するという機会が、当時はなかなか少なかったのかなと思うのです。でもその後、実際に多くの力ある選手の方々が、高い目標を持ってメジャーリーグに挑戦した。その挑戦によって、蓋を開けてみると、日本野球の実力というのは非常に高いものだということが、あとになってわかってきたのだと思います。だからこそやはり、いろんなことに挑戦し続けること、それは個人にとっても重要ですし、日本人という、一つの集団にとっても、そして日本という、一つの国家にとっても、重要なことだと思います。だからこそ、日本の若い方々がいろんなことに挑戦し続けてほしいな、と思います」

インタビューを終えた田口が若田に対して抱いたのは、親近感だったという。

「話を伺っていると、どんどん、どんどん引き込まれる。本当に人の目を見て話を聞き、しっかり納得、理解をして、きちんと返事をしてくれる。よく人を見ているし、相手に共感した上で、自ら胸襟を開いて、会話を進めていこうという心の広さを感じます。

そして、私たちと同じような悩みを抱え、家族の話をするときはどこの家庭も一緒だと感じさせてくれるところがあって、すごく親近感が持てました。同時に、その中でも非常に高い意識を持っていることがわかりました。リーダーってこうあるべきだろうな、とすごく感じます。何でも受け止めてくれそうな柔らかい方なので、あらゆる物事を柔軟に進めているのかなと感じる一方、時にはやっぱり、トップダウンで物事を進めなければならないという芯の強さも持っている。だから柔軟さと厳しさの両方が伝わってきました。どの分野であっても、たとえばプロ野球の監督でも、リーダーとして務まる人ではないかと感じました」

メジャーリーグという、世界の才能が集まる舞台で、自らの力を発揮し、結果を出し続けた田口。ワールドチャンピオンにも輝いたカージナルス時代、彼はチームに最も貢献した選手として高く評価された。その田口が若田に共感し、国際社会でリーダーとして通用する人物だと語った。

目標は「第二の船長」

「若田に続く日本人のＩＳＳ船長を目指して、油井が初の宇宙飛行に挑む」

２０１５年7月23日。日本人としては10人目の宇宙飛行士となる油井亀美也が、ＩＳＳに向けて、カザフスタンのバイコヌール宇宙基地から打ち上げられるのを前に、マスコミ各社はそう報じた。

7年前の採用の狙いを受けての論調だったが、これからの日本人宇宙飛行士は、船長になることが目標の一つであり、成功の条件であるかのように語られるようになった。

「若田の評価は高かった。おかげで、第二、第三の船長を出せる状況にある」

若田が14年5月に帰還したあと、あるＪＡＸＡ幹部が私たちに語った言葉だ。日本人初の船長を務めた若田は、そのリーダーシップが各国に高く評価された。このためＪＡＸＡは、若田に続く次の船長を出しやすくなったという。

実際、船長になれる実績を持つ候補者もすでに3人いる。ＪＡＸＡの宇宙飛行士グループ長として指揮を執る野口聡一を筆頭に、星出彰彦、古川聡ら、ベテラン宇宙飛行士たちがいる。3者ともにＩＳＳでの長期滞在を経験済みで、さらに地上でのマネージャー職（管理職）などにも当たっている。このうち誰が、次の日本人船長に任命されてもおかしくない状況だ。

先駆者・若田の功績は、後進だけでなく同僚や仲間にも道を開いたといえる。

その3人に次ぐ候補として目されるのが、油井である。

そして油井と星出の年齢は、さほど変わらない。

星出は、2度の宇宙飛行を成功させていて、さらに船外活動、いわゆる宇宙遊泳に当たった時間では日本人として最長の記録を持つ。4度の宇宙飛行を果たした若田でさえ、任される機会が巡って来なかった、船外活動。

自衛隊時代の油井

星出はその船外活動で力を存分に発揮し、高い評価を得た宇宙飛行士だ。さらにアメリカからの帰国子女であるため、英語でのコミュニケーション能力も非常に高い。ロボットアームの操作にも強く、今では多才な宇宙飛行士に成長している。

実績のある先輩たちとの競争もある中、油井は、自分ならではの圧倒的な能力を示すことができれば、次の宇宙飛行も自然と近づくことになる。

今回の初めての長期滞在で、いかに滞りなく任務を遂行できるか。

そして各国に対して、どのような存在感を示し、信頼を勝ち取ることができるか。

自らの将来を左右する日々を、油井は宇宙でおよそ5カ月にわたって過ごすことになる。

現代最高の企業家の野望

「人類は火星に移住しなければならない。地球を救うために」

アメリカの起業家、イーロン・マスクの言葉だ。マスクはインタビューで、人類の未来にとって、火星がいかに重要な目標であるかを、情熱を持って語った。

「私は大学時代から、人類の未来にとって重要なのは、インターネット、再生可能エネルギー、それに宇宙開発だと考えていました。中でも宇宙開発は極めて重要です。地球はこのままでは、人口が爆発し、資源が使いつくされ、温暖化のさらなる深刻化によって、住めない惑星になってしまいます。資源と土地をめぐる不毛な争いを避けるためにも、人類は火星に移住し、火星を新たな母なる惑星にしなければならない。そうしないと、地球は救えま

NASAで会見するイーロン・マスク

せんし、人類も救うことができません」

そのマスクは今、時代の寵児である。

大学時代からの3つの夢をまさに実現しつつあり、iPhone、iPadを生み出したアップルの創業者、スティーブ・ジョブズに並ぶか、あるいは超える、世界を変える起業家として注目されている。

インターネット決済サービス「ペイパル」の成功で手にした巨額の富を元手に立ち上げた電気自動車メーカー「テスラ」で、創業わずか数年の企業であっても、戦略と意志さえあれば信頼性ある電気自動車を開発して量産できることを証明し、自動車業界にまさに革命をもたらした。そして宇宙開発ベンチャー「スペースX」を立ち上げ、創業からわずか10年で、ISSに物資を運ぶ無人宇宙輸送機「ドラゴン」の開発と打ち上げに成功。世界のロケット市場に低価格競争をもたらし、日本もこの競争に勝ち残るために新たなロケット「H3ロケット」の開発を決めたように、世界各国の宇宙開発に影響を与えている。

宇宙開発の常識を変える成果を次々と実現してきた、マスクという男。その彼は今、火星に人類を送り込むための宇宙船と、大型ロケットの開発を自ら進めている。

まさに夢のような話だが、マスクは大まじめだ。

「火星に行くのは技術的に不可能だ、という人もいます。民間だけでできない大事業だ、という人もいます。しかし既存の技術をうまく活用し、さらにそれらを発展させれば、必ず実現できると考えています。ロケットの技術は、この50年間、基本的には大きく変わっていません。いわば成熟し、そして今は枯れた技術です。だからこそ新しい発想を持って、アプローチを変えれば、火星に人を移住させるための宇宙船とロケットは、近い将来、必ず開発できると見ています」

インターネット、そして電気自動車と、私たちの暮らしを現実に変革してきたマスクの言葉。実際、ＮＡＳＡは、マスクが開発を進める有人宇宙船「クルードラゴン」の、初の打ち上げに搭乗する宇宙飛行士を選び、発表した。

その宇宙飛行士は、スニータ・ウィリアムズ。くしくも７年前の宇宙飛行士選抜試験で、ＮＡＳＡによる日本人宇宙飛行士候補の面接官を務め、油井たち、最終試験に残った受験生らと直に接した女性飛行士である。

ＩＳＳの船長を務め、女性としての宇宙滞在の最長記録を持

イーロン・マスクが開発中の有人宇宙船「クルードラゴン」

スニータ・ウィリアムズ（左）と星出彰彦（右）

つウィリアムズ。星出彰彦とともに宇宙飛行をし、ＩＳＳでともに船外活動に当たった彼女は、油井と同じテストパイロットで、アメリカ海軍の出身だ。世界トップレベルの宇宙での経験と実績、それに軍のパイロットとしてのバックグラウンドが、民間初の有人宇宙船に乗り組む最初のパイロットという、歴史に残る任務を任されたのである。

民間の宇宙船が、人類を宇宙に運ぶ時代。

その夢のような時代は、人にたとえると、「ゆっくりとした足取り」であるとはいえ、一歩一歩、近づいている。

ウイリアムズを乗せた「ドラゴンＶ２」の最初の打ち上げは、早ければ２０１７年。

油井、大西、そして金井は、その新たな時代において、日本の中核を担う宇宙飛行士に選ばれたのである。

報じられない家族の苦しみ

「『20年後に火星に行く』と言っていた少年が本当に宇宙に行ってしまった。スーパーマンになっちゃったと感激しました」

油井の打ち上げを、バイコヌール宇宙基地で見守った、父親の誧司《すけじ》さん（当時78歳）。４年前に亡くなった妻で、油井の母親の八重子さん（享年74）の遺影を持って語った言葉だという。

宇宙に行くということは、多くの人にとっての夢であり、憧れだ。

前回の宇宙飛行士選抜試験に応募したのは、１０００人近く。応募資格は理系大学の卒業者に限られていたため、実際はさらに多くの人が宇宙に行くことを夢見ている。

しかし、宇宙に飛び立てる者は、今は一握り。

その一握りに選ばれた人の家族の思いは、油井の父親の言葉のように「喜び」は伝えられても、「不安」についてはほとんど伝えられない。

私たちが思い起こしたのは、若田の母、タカヨさん（当時81歳）との出会いだ。

若田の父で、ご主人の暢茂さんは１９９８年に他界。

私たちの取材に、タカヨさんは、若田が同席する中、応じてくれた。

タカヨさんは、息子の宇宙飛行の間、「心配で胸が押しつぶされそうな日々を送っていた」と明かした。

そして若田が、初めての宇宙飛行から無事に帰ってきて、一緒に車で移動していたときのことを今でも忘れていないという。

「ヒューストンで車にちょっと乗ったとき、光一と私は後部座席に座っていてね。そしたら光一が目を閉じていました。この体で一生懸命やってきたと思うと、とても愛おしくなって。私は、光一に気づかれないように、そっと彼の手を撫でてみました。この手で、宇宙でロボットアームを操作したり、人工衛星を捕まえたり、すごく大事な仕事をやらせていただいた。この手で、そういう大事な仕事をちゃんと果たすことができたんだね、という気持ちで、撫でたんです」

同席していた若田が、タカヨさんの話を聞き、驚いたように言った。

「そうだったんだ。寝ていたから、知らなかった」

さらにタカヨさんが答えた。

若田タカヨ

「やっぱり寝ていたのね。ちょっと、光一に気がつかれると恥ずかしくて。でも親だから、宇宙から帰って来るたびに、そんな気持ちになるのね。3回目の宇宙飛行から帰ってきたときは、抱きしめたよね。そのとき光一はやっぱり、お母さん、どうしたんだよとか、不思議がって」

若田は、照れくさそうに言った。

「滑稽だったよ」

タカヨさんは、「そう、悪かったわね」と若田に言った。

そして、背筋を伸ばし、改めて私たちの方に体を向けて語った。

「みなさまに一生懸命に支えられているので、本当にありがたいと思います。私も少しでも役に立てればと思いますけど、できることは何もない。ただ私は、自分自身の体をできるだけ健康に保って元気で光一を応援したい。それが一番、応援になるのかなって、自分なりに考えております」

タカヨさんは、4回目の宇宙飛行のあと、若田をどう迎えたのだろうか。

他人に踏み込まれたくない親子の絆に不用意に触れてしまうのではないかと考え、私たちは今回、あえて伺っていない。

宇宙飛行は今も、命がけの旅路である。

多くの人の夢と憧れ、そして羨望を受けて、日本の代表として宇宙に行く人たち。

しかしその家族は、人には言えない苦しみもまた、抱えている。

ともに宇宙を目指した者たちの絆

「油井さん、本当に嬉しそうだなぁ。あんな嬉しそうな表情、見たことがないよ」

2015年7月23日、正午ごろ。

東京・六本木のレンタルルーム。

油井の打ち上げ成功を喜ぶ元受験生の仲間たち

設置されていた大型スクリーンに、ISSに到着した油井の姿が映し出された。

集まっていたのは、油井とともに7年前の宇宙飛行士選抜試験を受けた、当時の受験生たちだ。

彼らは、あの試験以来、連絡を取り合っていた。特に油井、大西、それに金井が日本に帰国すると、できる限り集まって親交を深めていた。

このレンタルルーム、当日未明から借りていたという。ほぼ徹夜の状態で、23日朝の打ち上げを見守った者もいた。宇宙飛行士の候補者の座をめぐり、油井と最終試験で競い合った、白壁弘次、国松大介、安竹洋平らの姿もあった。

油井が宇宙で見せた表情。

彼らの目には、それまでに見たことがないほど明るく、嬉しそうに映ったという。

宇宙に行きたいという、子供のころからの夢。

それを自分たちに代わって叶えた油井。

みながエールを送る中、ある一人が、夢を追うことの厳しさを語った。

「私は、幼稚園のときに、宇宙飛行士になりたいという夢を自分に課しました。でもなれなかったときの、その現実の重さというのが重すぎて、そのあとはとにかくすごく辛かった。それでも、次に宇宙飛行士になれる機会に希望を持ってしまう。そして希望を持てば、それが悩みになって。だから『夢を持って』なんて簡単に子供に教えるのは、好きじゃないんです」

その彼は今、日本を代表する大手電機メーカーで、人工衛星を製造するチームのリーダーを務め、日本の宇宙開発の一翼を担っている。

宇宙飛行士という夢を追い、破れ、それぞれの職場に戻った者たち。

彼ら、彼女らが、油井に託した宇宙への夢。それは、一人でも多くの若者が宇宙に行く時代が少しでも早く訪れること。

その仲間たちの思いを背負って、初の宇宙長期滞在に挑んだ油井。

宇宙で、7年前の「宇宙飛行士選抜試験」を振り返った。

「宇宙に来て思うのは、あのとき誰が選ばれていたとしても、ここで日本の代表として、十分な能力を発揮できたはずだということです。私と同じ宇宙飛行のための訓練を受ければ、誰でも同じ成果を残せたと思います。その中で私は運よく、宇宙飛行士に選ばれました。だからみんなの夢を預かっている。みんなが納得できるしっかりとした成果を残して、『油井が行ってくれてよかった』と言ってもらえるように仕事をする。それが、私の責任です」

油井は宇宙に、「折り鶴」を持って行っていた。「宇宙飛行士選抜試験」で、最終候補者の9人とともに折り紙で折った鶴のひとつだ。

油井は笑顔を見せて、400キロ離れた地球にいる仲間に呼びかけた。

「一生懸命、頑張りました。地球に帰ったら、みんなと飲みながら話をするのを、本当に楽しみにしています」

２０１５年12月11日。

油井がＩＳＳを離れてロシアの宇宙船ソユーズに乗り移るとき、アメリカのベテラン宇宙飛行士のスコット・ケリーが、メッセージを送った。

「宇宙に来たときは、歩くこともおぼつかなかったひよこが、今は鷲のように立派に成長した。地球へはばたけ、亀美也」

同じ日の、午後10時12分。

油井を乗せたソユーズが、ついに地球に帰還した。

凍てつくカザフスタンの大地に再び降り立った油井は、達成感にあふれた、すがすがしい表情を見せた。

２０１５年７月から12月までの１４２日間に及んだ、宇宙での長期滞在。世界は油井をどう評価したのか。それはこれから明らかになる。

幼いころから、火星に行くことが夢だった油井。

船長＝コマンダーへの挑戦は、始まったばかりである。

おわりに

2012年の暮れごろのことだろうか。

私がアメリカ・ニューヨークにある、アメリカ総局に勤めていたころのことだった。日本との時差が12時間以上ある深夜。

「若田さんを通して、日本人のリーダーシップ論を語る番組を作りたい。また取材できないだろうか」

この本の共同著者の大鐘から、熱っぽい電話がかかってきた。

この人は、なんて怖いもの知らずのことを言うのだろう。

前作のNHKスペシャル『宇宙飛行士はこうして生まれた～密着・最終選抜試験』のときと同様、番組を実現するための交渉と取材は、私が担うことになる。宇宙飛行士の訓練の場は原則、非公開で、取材実現のために前例のない交渉をどれほど行わなければならないか、本当にわかっているのだろうか。めまいがしたのを今でも覚えている。

しかし振り返ってみれば、「宇宙飛行士選抜試験」を取材した私たちにとって、自然な「続編」だったのではないかと思う。遠くない将来、より多くの日本人が世界各国の人たちと一緒に働かなければならない状況になったとき、どのようなリーダーシップを発揮すべきかという問いに、若田という最も優れたモデルを通じて肉薄した。

すでに日本には、世界に通用する類稀なるリーダーシップを発揮している人たちが数多くいる。

故人でいえば、松下電器の松下幸之助、本田技研工業の本田宗一郎、ソニーの井深大。現代でいえば、経済界だけでも、ソフトバンクの孫正義氏、ユニクロの柳井正氏、楽天の三木谷浩史氏。多くの傑出した方々が、日本、そして日本企業の存在感を、世界に示している。

しかし、その方々の多くが遠い雲の上の存在にも思えるのは、私たちだけだろうか。

日本の労働者の大半は、サラリーマンである。組織の一員として日々、課せられる業務に取り組み、同僚や先輩、そして他部署やビジネス相手との円滑なやりとりを求められている。また、多国籍の現場に放り込まれ、必死にもがいている人も多いだろう。文化や習慣の異なる人たちと日々ぶつかり合い、切磋琢磨しながらも、差異の壁を超えて通じるリーダーシップの形を見出そうと試行錯誤している人たちも少なくないはずだ。

そんな日本の大多数のサラリーマンが共感できる人物で、かつ、世界を相手に日々、戦わなければならない環境に置かれた人はいないのだろうか?

そこで私たちの頭に思い浮かんだのが、若田だったのである。

一般の方々の認識とは少し乖離があるだろう。いまや文字通り雲の上の存在ではないかという声もあるかもしれない。しかし、周囲を率いるタイプでは決してなかった幼年時代を過ごし、元は一介の技術者だった半生を取材してきた私たちにとって、若田がこれからのサラリーマン像を体現していると考えることに矛盾はなかった。

その若田のリーダーシップに迫るため、私たちは再びＪＡＸＡの協力を仰ぐことになった。今回もＪＡＸＡは、若田本人をはじめ、多くの関係者の方々への前例のない取材を可能にしてくれた。この本で紹介した緊急対処訓練で私たちは、評価される立場にある若田らとほぼ同じ場所でその様子を目撃し、取材し、記録することが許された。

通常であれば実現できない取材の数々だった。当時の理事の長谷川義幸氏、三宅正純氏、小川志保氏をはじめ、多くのＪＡＸＡ関係者の方々が、日本、さらにはＩＳＳ計画による有人宇宙開発の意義を広く知ってもらうチャンスだとして、まさに一肌脱いでくれた。そしてNASAやROSCOSMOS（ロシア宇宙庁）、ESAなどと交渉して、またとない取材機会を設け、日本人ならではのリーダーシップとは何かを問う番組づくりを可能にしてくれた。

とはいえ、私たちが見た若田の訓練は、船長に任命されてからの2年間の月日と比較してごく短期間である。そのプロセスをメディアの誰よりもつぶさに見届けることができたが、実際に取材できたのは数ある訓練の中のほんの一部だけといえる。その一部だけで、私たちが若田という人間を語ることとは、おこがましいことこの上ない。

だからこそ今回の本では、NHKスペシャル『日本人船長（コマンダー）宇宙へ』の取材だけでなく、今まで私たち2人がそれぞれ取材してきたすべてを一つにして構成することを心がけた。

宇宙飛行士選抜試験の取材を終えてからのこの7年、船長を経験したアメリカやロシアの数多くの宇宙飛行士や宇宙に関わる人々と私たちは出会い、リーダーシップ論について尋ねてきた。

電気自動車メーカー「テスラ」の創業者で、「スペースX」を起業し、宇宙開発に変革をもたらしているイーロン・マスクにも、複数回にわたってインタビューした。

多くの「傑物」たちへの取材を通じて見えてきた、リーダーに必要とされる「資質」＝「ライトスタッフ（Right Stuff）」の正体。

若田が目指していたリーダーシップと比べ合わせることで、日本人が国際社会でリーダーシップを発揮するために何が求められるのかについて、この本でそれなりに具体化できたのではないかと思う。

本書の実現においては、多くの方々に感謝を述べなければならず、一人一人のお名前を挙げると枚挙にいとまがない。ただ誰よりも感謝を表明しなければならないのは、若田光一氏ご本人に対してである。

私たちの無謀な取材を了承し、その限られた情報だけで、ご本人を含めた訓練などの事象を「語り」、「切る」ことを許してくれた器量の大きさ。取材者として頭が上がらない思いである。

本書では、メディアとしての客観性を保ちながら、最大限、私たちが目の当たりにした事実を、取材者の視点から描写することを心がけた。元宇宙飛行士の山崎直子氏、ANAのパイロット、白壁弘次氏に指導を仰いだのもその一環である。若田氏が私たちを信じて、この試みを認めてくれたことに、ただただ感謝の言葉しかない。

出版に当たっては、NHK報道局の近堂靖洋氏に多大な指導をいただいた。そして報道局の武内俊輔氏は、NHKスペシャル『日本人船長（コマンダー）宇宙へ』の取材・制作のころから思いやりのあるリーダーシップを発揮し、私たちを公私にわたって支えてくれた。

最後に、共同執筆者の大鐘良一、そして光文社新書編集部の古川遊也氏に感謝したい。結果として、長期にわたる宇宙開発の取材が実現し、主執筆者として2つの本を書く貴重な機会に恵まれた。それも大鐘ならではの宇宙への強いこだわりと、古川氏の支援によってもたらされた、無二の機会であったと受け止めている。

「忌憚なく意見を言い合い、その中から最善の道を見出す」

若田の目指すリーダーシップは、本書の刊行に漕ぎ着ける際にも大いに生かされた。

NHK報道局・国際部　小原健右

写真提供／ＮＡＳＡ、ＧＣＴＣ
協力／ＪＡＸＡ

小原健右（おばらけんすけ）

1977年、宮城県生まれ。慶應義塾大学卒業後、NHKに入局。報道局・科学文化部記者、ニューヨーク特派員などを経て、現在は報道局・国際部デスク。取材・制作した番組に「宇宙飛行士になりたかった～夢への挑戦から6年～」、「よみがえる記憶～戦艦武蔵　知られざる悲劇～」などがある。

大鐘良一（おおがねりょういち）

1967年、東京都生まれ。一橋大学卒業後、NHKに入局。現在は報道局チーフプロデューサー。制作した番組に「高倉健が出会った中国」、「ともに悩み　ともに闘う～長野・いじめ対策チーム」、「宇宙飛行士はこうして生まれた～密着・最終選抜試験～」（すべてNHKスペシャル）などがある。

若田《わかた》光一《こういち》 日本人《にほんじん》のリーダーシップ　ドキュメント 宇宙《うちゅう》飛行士《ひこうし》選抜試験《せんばつしけん》II

2016年1月20日初版1刷発行

著　者 ── 小原健右　大鐘良一

発行者 ── 駒井　稔

装　幀 ── アラン・チャン

印刷所 ── 堀内印刷

製本所 ── ナショナル製本

発行所 ── 株式会社 光文社

東京都文京区音羽1-16-6(〒112-8011)

http://www.kobunsha.com/

電　話 ── 編集部03(5395)8289 書籍販売部03(5395)8116

業務部03(5395)8125

メール ── sinsyo@kobunsha.com

ISBN 978-4-334-03898-4

785

お経のひみつ

島田裕巳

お坊さんが読むお経には、仏教のエッセンスがつまっている。『般若心経』『法華経』など5つのお経を軸に、なんともふしぎで、じわじわおもしろい仏教の世界へ誘う新しい入門書。

978-4-334-03888-5

786

ケトン体が人類を救う
糖質制限でなぜ健康になるのか

宗田哲男

胎児や赤ちゃんは糖質制限していた！　著者による世界的発見を紹介しながら、糖尿病や肥満だけでなくがんや認知症にも有効なケトン体（脂肪を分解して生成）代謝生活を勧める。

978-4-334-03889-2

787

猫を助ける仕事
保護猫カフェ、猫付きシェアハウス

山本葉子　松村徹

猫の殺処分ゼロを目標に、ソーシャルビジネスの手法で猫の保護活動に取り組むNPO法人代表と、不動産研究の第一人者がコラボした、猫と人との共生を考える一冊。

978-4-334-03890-8

788

ローカル志向の時代
働き方、産業、経済を考えるヒント

松永桂子

都市、農村、フラット化、新たな自営、地域経営ｅｔｃ.いま、地域が面白いのはなぜか。これからの社会・経済を示唆する「小さな変化」を読み、個人と社会のあり方を考える。

978-4-334-03891-5

789

創造的脱力
かたい社会に変化をつくる、ゆるいコミュニケーション論

若新雄純

取締役が全員ニート「NEET株式会社」、課員は現役女子高生「鯖江市役所JK課」…実験的なプロジェクトの実態と当事者の肉声から、ゆるめるアプローチがうむ「新しい何か」を探る。

978-4-334-03892-2

790
遊ぶ力は生きる力
齋藤式「感育」おもちゃカタログ

齋藤孝

コミュ力、やり抜く力、機転力。この世の中は学力や成績よりずっと大切なことばかり。子育てに必要なポイントを、「遊び」を軸にわかりやすく解説します。最新おもちゃカタログ付き。

978-4-334-03893-9

791
誰でもできる ロビイング入門
社会を変える技術

明智カイト

弱者やマイノリティを守るために政治に働きかけること——「草の根ロビイング」の暗黙のルールと、様々な立場からロビイングに関わってきた人たちのテクニックを紹介・解説。

978-4-334-03894-6

792
白米が健康寿命を縮める
最新の医学研究でわかった口内細菌の恐怖

花田信弘

糖質をエサに口内から血管に侵入した菌が、全身で慢性炎症を起こしている！ 脳梗塞、動脈硬化、がん、認知症etc.の原因となる歯原性菌血症を防ぐため栄養学と口腔ケアの見直しを説く。

978-4-334-03895-3

793
受験うつ
どう克服し、合格をつかむか

吉田たかよし

単なる不調やストレスを越え、うつ病になる受験生が増えている。発病のサイン、対策とは何か？ 脳機能から考えたストレス管理法や効率的な勉強法も教える、全受験生必読の書。

978-4-334-03896-0

794
健さんと文太
映画プロデューサーの仕事論

日下部五朗

名優・高倉健と菅原文太とともに「任侠」「実録」の一時代を築いた稀代のプロデューサーが、二人の素顔と、企画術やヒットの極意など、あらゆるモノづくりに通底するヒントを公開。

978-4-334-03897-7

795
若田光一　日本人のリーダーシップ
ドキュメント　宇宙飛行士選抜試験Ⅱ

小原健右　大鐘良一

「対応力」「調整力」「決断力」。アジアで初めて国際宇宙ステーション船長に若田光一が抜擢されたのはなぜか？　本物のリーダーの条件とは？　永遠のテーマに人気取材陣が挑む！

978-4-334-03898-4

796
心配学
「本当の確率」となぜずれる？

島崎敢

インフルエンザと交通事故、どっちが死ぬ確率は高い？　心配の度合いと、本当の確率は大きくずれる。人生の正しい選択のための学問「心配学」の世界へ、気鋭の心理学者が誘う。

978-4-334-03899-1

797
韓流スターと兵役
あの人は軍隊でどう生きるのか

康熙奉

ユンホ、チャンミン、ジェジュン……続々と入隊する20代の大物韓流スターたち。徴兵制のため2年近くファンの前から姿を消さざるをえない彼らの苦悩、そして兵役の日々の実態とは。

978-4-334-03900-4

798
ユダヤ人と近代美術

圀府寺司

有史以来、離散・追放・移住・迫害を余儀なくされてきた人々は、どのようにして美術という世界と関わり、そこに自らの生を託してきたのか。これまで語られることのなかった物語。

978-4-334-03901-1

799
70年代オカルト
今を生き抜くための

前田亮一

UFO、UMA、超能力、心霊写真、ピラミッド・パワー、ムー大陸、四次元……ネット時代の今の視点から、あの頃オカルトがくれた自由や情熱、戦後の日本人像を再検証する。

978-4-334-03902-8